国家重点研发计划项目(2016YFC0801401)资助
国家自然科学基金项目(51574231,51504250,51874296)资助
中国博士后科学基金项目(2018M640533)资助
江苏高校优势学科建设工程资助项目资助

煤矿微震震源参数反演及震源破裂机理研究

陈　栋　王恩元　何学秋　著

U0338142

中国矿业大学出版社

·徐州·

内 容 简 介

随着煤矿采深的增加和采场结构越来越复杂,重特大冲击地压灾害事故时有发生。采动诱发冲击地压灾害破裂源的特征、破裂机理以及冲击地压的演化过程尚不明确。微震监测技术作为一种在煤矿中广泛应用的地球物理监测手段,在矿震及冲击地压的震源定位和能量分析、冲击地压演化过程以及监测预警等方面能发挥重要作用。因此,基于微震监测,以复杂煤岩介质条件下波场传播特征为切入点,从破裂源头上对矿震机理及演化过程进行定量分析。本书共分 8 章,主要介绍微震震源定位及机理的研究现状、不同煤岩介质模型波场特征、精准震源定位方法、实验室小尺度煤岩破裂震源参数反演、煤矿微震震源参数反演、煤矿微震震源机制解和破裂面上滑动分布、"微震震源参数反演与震源破裂机理分析软件"的开发及对全书内容的总结。

本书可供安全工程、采矿工程等相关专业的师生使用,还可供相关企业技术人员和科研院所研究人员参考使用。

图书在版编目(C I P)数据

煤矿微震震源参数反演及震源破裂机理研究/陈栋,
王恩元,何学秋著. —徐州:中国矿业大学出版社,
2021.12

ISBN 978 - 7 - 5646 - 5262 - 3

Ⅰ. ①煤…　Ⅱ. ①陈… ②王… ③何…　Ⅲ. ①煤矿—小地震—地震监测—预测技术—研究 Ⅳ.
①P618.110.8

中国版本图书馆 CIP 数据核字(2021)第 245773 号

书　　名	煤矿微震震源参数反演及震源破裂机理研究
著　　者	陈　栋　王恩元　何学秋
责任编辑	陈　慧
出版发行	中国矿业大学出版社有限责任公司
	(江苏省徐州市解放南路　邮编221008)
营销热线	(0516)83884103　83885105
出版服务	(0516)83995789　83884920
网　　址	http://www.cumtp.com　E-mail:cumtpvip@cumtp.com
印　　刷	徐州中矿大印发科技有限公司
开　　本	787 mm×1092 mm　1/16　**印张** 11.25　**字数** 202 千字
版次印次	2021 年 12 月第 1 版　2021 年 12 月第 1 次印刷
定　　价	42.00 元

(图书出现印装质量问题,本社负责调换)

前　言

　　我国煤矿煤岩动力灾害非常严重。随着开采深度的不断增加,煤岩动力灾害日趋严重及复杂,对深部资源的安全高效开采造成重大影响。微震监测技术作为一种在煤矿中广泛应用的地球物理监测手段,在矿震及冲击地压的震源定位和能量分析、冲击地压演化过程以及监测预警等方面能发挥重要作用。然而,煤系地层非均质性强且多变,波场结构复杂,微震定位精度和稳定性难以满足现场需求,国内外对煤矿微震震源参数及震源破裂机理缺乏深入系统的研究。

　　在国家重点研发计划项目(2016YFC0801401)、国家自然科学基金项目(51574231,51504250,51874296)、中国博士后科学基金(2018M640533)、江苏高校优势学科建设工程资助项目等的资助下,经过作者多年研究,在不同煤岩介质模型的波场特征、煤矿微震的震源参数分析、震源机制解和震源破裂面上滑动分布反演等方面进行了系统的研究,取得了一系列创新性的成果。本书对以上方面进行了比较详尽的论述,希望对从事此方面及相关领域研究的科技工作者能有所启示。

　　本文采用实验室实验、理论分析、数值模拟和现场试验验证等方法,以复杂煤岩介质条件下波场传播特征为切入点,深入研究基于高精度震源定位的震源参数和震源破裂机理,并进行现场验证与应用。针对煤系地层复杂波场结构,基于声波方程的空间域 4 阶、时间域 2 阶高阶有限差分法,对各种复杂煤岩介质条件下的波场传播特征(波场快照和单炮记录)进行了模拟分析。提出了单纯形和双差联合微震定位方法,对煤矿现场微震震源位置进行了校正,提高了震源定位的精度。基于 ω^2 模型,系统地分析了实验室小尺度煤岩体破裂和煤矿微震的震源参数(拐角频率 f_0、品质衰减因子 Q、震源能量 E、地震矩 M_0、震源半径 R、应力降 $\Delta\sigma$、视应力 σ_a)和震级,揭示了震源大小和应力状态等震源性质及震源参数随地震矩的变化特征。研究了小尺度破裂和煤矿微震的震源破裂机制、破裂尺度和破裂面上的滑动分布,揭示了震源破裂机理。开发了"微震震源参数反演与震源破裂机理分析软件",实现了对微震监测波形数据的自动处理、定位计算、震源参数反演及破裂机理分析。揭示了千秋煤矿冲击地压破坏的震源参数特征和机制,得到了 4 次冲击地压事件的震源破裂尺度和滑动分布数据,结果与现场实际情况基本吻合。揭示了矿震破裂面上滑动大的区域容易诱发冲击地压,因此可基于破裂面上滑动分布,对冲击地压进行有效的分区域防治。

在本书内容研究过程中,得到了很多人的帮助,衷心感谢阿卜杜拉国王科技大学 Martin 教授长期以来给予的帮助和指导,特别感谢课题组刘贞堂教授、李忠辉教授、刘晓斐教授、李楠教授、沈荣喜副教授、赵恩来讲师、宋大钊副教授、冯小军副教授、张超林讲师等给予的大力支持和帮助,感谢林松博士、张志博士、李保林博士、贾海珊博士、王笑然博士、钱继发博士、李德行博士、汪皓博士、刘泉霖博士等对部分研究工作给予的帮助,感谢徐州福安科技有限公司赵明楠工程师以及辽宁抚顺矿业集团老虎台煤矿盛继全总工、赵忠华技术员在现场实验与数据采集中给予的帮助和协作。本书的编写还参阅了大量国内外有关微震、冲击地压及相关方面的专业文献,谨向文献的作者表示感谢。

虽然本书在煤矿微震震源机理方面取得了一些成果,但很多内容还有待于今后深入研究和完善。由于作者水平所限,书中疏漏和谬误之处在所难免,敬请读者不吝指正。

著 者

2021 年 8 月

目　录

1　绪论 ………………………………………………………… 1

　1.1　研究背景及意义 ……………………………………… 1

　1.2　煤矿微震研究综述 …………………………………… 4

　1.3　存在的问题及不足 …………………………………… 11

　1.4　主要研究内容及研究方法 …………………………… 12

2　不同煤岩介质条件下的波场特征分析 ……………………… 14

　2.1　有限差分法的相关理论 ……………………………… 14

　2.2　二维声波方程有限差分格式的建立 ………………… 15

　2.3　基于高阶有限差分法的不同煤岩介质波场特征分析 ……… 17

　2.4　本章小结 ……………………………………………… 31

3　基于单纯形和双差的联合定位法 …………………………… 33

　3.1　单纯形法和双差法的相关理论 ……………………… 33

　3.2　单纯性和双差联合定位法的建立及定位精度验证 ……… 37

　3.3　基于联合定位法的煤矿微震震源定位校正 ………… 41

　3.4　本章小结 ……………………………………………… 46

4　小尺度破裂震源参数分析 …………………………………… 48

　4.1　震源参数分析相关理论 ……………………………… 48

　4.2　小尺度破裂的震源参数分析 ………………………… 63

　4.3　本章小结 ……………………………………………… 86

5 煤矿微震震源参数分析 ················· 87

  5.1 老虎台煤矿微震事件的基本特征 ················· 87

  5.2 老虎台煤矿微震震源参数的求取 ················· 88

  5.3 震源参数与地震矩的关系分析 ················· 97

  5.4 M_W 与 M_L 的关系分析 ················· 100

  5.5 本章小结 ················· 101

6 小尺度破裂和煤矿微震的震源机制解和破裂面上滑动分布研究 ········ 102

  6.1 矩张量反演震源机制解 ················· 102

  6.2 震源破裂尺度和平均滑动分析 ················· 115

  6.3 小尺度破裂和煤矿微震震源破裂面上的滑动分布 ········ 124

  6.4 本章小结 ················· 138

7 微震震源参数反演与震源破裂机理分析应用研究 ········ 139

  7.1 重定位后震源参数的结果和关系分析 ················· 140

  7.2 矩张量反演震源机制解 ················· 144

  7.3 震源破裂尺度和破裂面上滑动分布分析 ················· 145

  7.4 冲击地压震源参数和破裂机理分析及冲击地压防治研究 ········ 147

  7.5 本章小结 ················· 151

8 全文总结、创新点及展望 ················· 152

  8.1 全文总结 ················· 152

  8.2 创新点 ················· 155

  8.3 展望 ················· 155

参考文献 ················· 157

1　绪　　论

1.1　研究背景及意义

中国在 2011—2020 年间的一次性能源消费结构情况见表 1-1[1]。虽然近年来一次性能源消费结构不断变化,但要清醒地认识到可再生能源在总量上还很难超越煤炭,在我国一次性消费能源中,煤炭占比仍较高,在未来一定时期内仍将是我国的主要能源。

表 1-1　近十年全国一次性能源消费结构

年份	占能源消费总量的比重/%			
	原煤	原油	天然气	一次电力及其他能源
2011	70.2	16.8	4.6	8.4
2012	68.5	17.0	4.8	9.7
2013	67.4	17.1	5.3	10.2
2014	65.8	17.3	5.6	11.3
2015	63.8	18.4	5.8	12.0
2016	62.2	18.7	6.1	13.0
2017	60.6	18.9	6.9	13.6
2018	59.0	18.9	7.6	14.5
2019	57.7	19.0	8.0	15.3
2020	56.8	18.9	8.4	15.9

我国煤炭生产主要为井工作业,煤层赋存条件复杂,加之生产技术装备落

后,人员素质参差不齐,管理水平较低,导致我国煤矿事故多发、人员伤亡严重。近十年来,我国煤矿百万吨死亡率统计情况见图 1-1[2],可以看出,尽管我国煤矿百万吨死亡率逐年下降,但我国煤炭安全生产仍然存在很多问题。

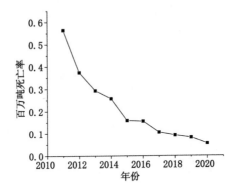

图 1-1　2011—2020 年全国煤矿百万吨死亡率

近年来,由于煤矿大规模的开采,导致某些地区浅部煤炭资源逐渐枯竭。因此,为了解决局部地区能源供需矛盾,应开采老矿井的深部煤炭资源。目前,我国许多大型煤矿的开采或开拓延伸的深度已达到 800 m,其中,多个大型煤矿的采深已超过 1 000 m[3-4]。随着开采深度不断增加,我国多地煤矿将逐渐进入深部开采阶段,在深部高强度的开采扰动和高地应力、高地温、高瓦斯等环境下,冲击地压、煤与瓦斯突出、巷道围岩大变形、地热灾害等越来越频繁,严重影响了深部资源的安全高效开采[5]。其中,采矿诱发的破坏性矿震[6]——冲击地压,是一直以来威胁我国煤矿安全生产的重大灾害之一,具有很强的破坏性。根据资料,许多原来无冲击地压灾害的矿井,现在开始发生;原来发生过冲击地压灾害的矿井,发生冲击地压灾害的危险性越来越高。例如:2005 年 2 月 14 日阜新孙家湾煤矿发生冲击地压,并引发了瓦斯爆炸,共造成 214 人死亡、30 人受伤;2018 年 10 月 20 日龙郓煤业有限公司发生重大冲击地压事故,造成 21 人死亡、1 人受伤[7]。

冲击地压是指由于弹性变形能的瞬时释放,井巷或工作面周围煤岩体突然剧烈破坏的动力现象,常伴有煤岩体抛出、巨响及气浪等。由于采矿作业的相对临时性,通常把这种动力现象是否具有影响安全生产的"灾害破坏性"作为发生冲击地压的标志[8-9]。煤矿冲击地压也可能诱发顶板突水和瓦斯爆炸等安全事故[8-9]。矿震是采矿诱发的,在各类诱发地震中,由于矿震距离震源较近,烈度远大于同级天然地震,会造成非常严重的危害。冲击地压、顶板滑移失稳、地表塌陷等都属于矿震的范畴。其中,冲击地压属于破坏性矿震,每一次冲击地压的发生都会产生较大强度的矿震[10-15],但并非所有的矿震都可引发冲击地压。由此可见,冲击地压的发生伴随着许多小能量级别的矿震活动(微震),而这些微震活动的特征信息对于研究冲击地压等破坏性矿震具有重要作用。

岩体破裂过程中产生的微震信号可通过地球物理实时监测技术——微震监测技术分析,从而来研究和评价岩土工程中岩体稳定性[16-18]。通过分析煤岩体损伤破裂过程中产生的微震信号,可以监测采场围岩内部的应力分布状态和顶底板活动规律、空间破裂形态以及释放的能量,并对微震事件进行震源定位[19-24]。目前,利用微震技术监测分析煤矿冲击地压等微震活动已经成为重要的研究方向。微震监测系统已在国内多家煤矿应用,例如:千秋煤矿安装了加拿大 ESG 公司的微震定位监测系统和波兰的 ARAMIS 微震监测系统[22];跃进煤矿和老虎台煤矿安装了波兰的 ARAMIS 微震监测系统[23,25]。

虽然学者在煤矿微震监测方案的制定、微震信号的分析处理以及微震震源定位等方面做了大量研究[19-24],但随着煤矿开采深度日益增加,采动诱发微震活动愈发严重,监测到越来越复杂的波场,影响定位的精度和对震源性质的准确判断,进而影响微震监测的准确性和震后的评价。当震源位置、震源参数和震级已知时,确定震源机制和震源破裂面上的滑动分布参数,可以用于确定破裂的实际几何形状以及推断特定区域的破裂样式和应力状态,而且可以分析各种频率分量波的激励,来有效地对地震进行模拟或预测。

因此,需要了解波场的传播特征和提高震源定位的精度,并且根据建立在"平均"二维破裂模式基础上的地震定标律[26]对微震震源的破裂进行深入的分析,震源破裂的研究主要包括震源参数分析、震源机制分析、震源破裂尺度分析以及震源破裂面滑动分布[27-30]。目前常用的震源参数有地震矩、拐角频率、应力降等,主要是来评价震源的微观破裂范围,震源机制分析主要是来判断破裂的类型和机理,震源破裂尺度为破裂面积、长度、宽度和滑动,主要是对震源的宏观破裂大小进行计算从而可以有效地评估和预防微震灾害,震源破裂面滑动分布主要是在以上研究的基础上通过计算出震源在破裂范围内的滑移量从而来确定震源的动态破裂过程。通过对震源参数的系统分析,可以对震源破裂的影响范围进行迅速准确的评价,做好相关的震后评估;通过对震源机制和破裂面滑动分布的分析,可以深入了解震源破裂的类型以及震源的滑动破裂过程,提高对地震孕育和发生机理的认识。这些都为分析震源破裂过程的认识与评价打下基础,因此矿山微震震源的研究对矿山微震的监测和震后灾害分析具有重要的意义。

　　本文采用实验室实验、理论分析、数值模拟和现场试验验证等方法,以复杂煤岩介质模型下波场传播特征为切入点,深入研究煤矿微震的震源参数及其特征、相对定位方法和震源机理,并进行现场验证与应用。建立时间域2阶、空间域4阶高阶有限差分法来模拟不同煤岩介质模型的波场特征,为分析波在传播过程中的衰减和求取震源参数打下基础;建立 ω^2 模型来分析实验室和煤矿现场不同尺度煤岩体破裂震源参数和震级等震源基本性质,并通过单纯形和双差联合定位法来对震源位置进行校正,在校正的震源位置基础上进一步获得精确的震源参数和震级;基于求取的震源参数和震级,根据矩张量反演法反演实验室和煤矿现场不同尺度煤岩体破裂的震源机制解;建立破裂尺度与矩震级之间的关系,并基于求取的震源参数来求取震源破裂尺度,然后基于求取的破裂尺度和滑动破裂模型来分析震源破裂面上的滑动分布。本文揭示了震源性质及煤岩动力灾害震源演化过程和发生机理。研究成果对于进一步提高煤矿微震震源定位的精度、揭示矿震及冲击地压灾害震源破裂机理、促进矿震及冲击地压灾害的防治具有重要的理论意义和参考价值。

1.2　煤矿微震研究综述

1.2.1　震动波波场特征研究现状

1.2.1.1　有限差分法波场模拟研究现状

　　在地震勘探中,通过对波场的数值模拟,可得到地震波在地下各种介质中的传播规律。通常可用有限差分法、有限元法、伪谱法等数值模拟方法[31]。有限元法可通过变分原理和灵活的网格剖分,用简单形态来模拟实际的地质体,从而分析多种介质条件。但是有限元法不适用于大规模的模型计算。伪谱法可以看成一种无限阶的有限差分法,用差分方法来计算时间的导数,用傅立叶变换来计算波场的空间导数。即便在粗网格上,伪谱法也能实现高精度的计算。

　　在各种地震波正演模拟方法中,有限差分法出现得较早,在20世纪70年代,Alterman等[32]就首创性地提出使用有限差分法可以对波动方程求解,并使用该方法正演模拟了地震波在均匀介质中的传播。随着有限差分法在地震分析领域的广泛应用与研究,有限差分法也得到了不断的完善与发展。Kelly

等[33]研究了用有限差分法来对人工地震记录进行合成。Jean[34]提出了用速度应力有限差分法来模拟波在非均匀介质中的传播。有限差分法是用空间、时间的差分代替波场函数中相应的空间和时间导数。有限差分法可以广泛地适用于近远场和复杂边界,能够准确地模拟波在各种介质及复杂结构地层中的传播规律,其简单、高效的优点是其他方法难以比拟的,因此有限差分法目前仍然是勘探地震学中最常用的数值计算方法[35-36]。

不少学者针对不同介质波场模拟分析[37-46]以及改进和提高波场模拟方法[47-52]等方面做了大量研究。董良国等[53]将高阶差分法与交错网格有机结合提出了交错网格高阶有限差分法;裴正林等[54]将交错网格高阶有限差分模拟方法在三维任意各向异性介质中进行了推广;杨圳等[55]基于有限差分法对不同的复杂地质模型进行了模拟仿真研究;孙楠等[56]准确模拟地震波在复杂介质中的传播过程,为反演区域内部介质结构提供理论支持。

1.2.1.2　煤岩声发射特征研究现状

岩石的声发射(AE)可以反映岩石的损伤程度,与岩石内部缺陷的演化和繁衍直接相关[57]。通过分析岩石破裂本身与岩石受力破裂过程的声发射特征的关系,有助于认识岩石的破裂机制,为声发射监测岩体动力灾害提供依据[57-59]。在不同岩性试样的声发射信号特征方面,尹贤刚[60]测试了混凝土和两类不同性质岩石破裂全过程的力学特征及其声发射特性;李浩然等[61]研究了单轴加载及循环荷载作用下花岗岩波速和声发射变化特征;张艳博等[62]分析了干燥和饱水煤矸石破裂全过程声发射信号的主频和熵值变化;黄炳香等[63]进行了红砂岩单轴压缩的声发射定位实验研究。

在声发射定位事件演化方面,陈亮等[64]开展了北山深部花岗岩不同应力条件下岩石破坏的声发射特征研究;赵兴东等[65]采用实验方法研究了包括含不同预制裂纹的花岗岩岩样破裂失稳过程中其内部微裂纹孕育、萌生、扩展、成核和贯通的三维空间演化模式;艾婷等[66]分析了三轴压缩不同围压下煤岩试样破裂过程中 AE 空间演化规律;张朝鹏等[67]揭示了煤岩 AE 空间演化特征和 AE 振幅分布的层理效应;张鹏海等[68]分析了蚀变花岗片麻岩破坏过程 AE 射事件的演化规律;裴建良等[69]实现了对含自然裂隙大理岩岩样在不同空间分布类型自然裂隙时空演化过程的精确定位和追踪。

与此同时,多重分形理论在煤岩试样破裂信号的分析中得到有效应用。Grassberger 等[70]在 20 世纪 80 年代初提出多重分形理论,它是以几何概率的形式描述测度和函数的局部奇异性的数学方法,用广义信息维和多重分形谱来描述分形客体。多重分形作为分形研究领域的一个主要发展方向,在岩石力学、经济学、湍流、图像处理、地震信号分析等学科和领域得到了广泛应用[71]。在声发射信号的多重分形特征分析方面,赵奎等[72]采用 G-P 算法计算了声发射过程关联分维数;李元辉等[73]和尹贤刚等[74]对不同应力水平下岩样破裂过程中的分形维数进行了分析;裴建良等[75]分析了花岗岩破裂过程中声发射事件空间分布的分形特征;许福乐等[76]运用多重分形消除趋势波动分析法,分析了声发射强度序列的多重分形特征;吴贤振等[11]对比了不同岩石声发射序列的分形特征。

1.2.2 微震震源参数反演研究现状

随着煤矿开采深度增加,诱发矿震灾害越发严重,震源的破裂过程也越来越复杂[77-78]。因此需要分析矿震震源参数[79],研究震源机制,深入了解震源的破裂过程。

根据建立在"平均"二维破裂模式基础上的地震定标律[80]以及对震源力学过程研究的不断深入,越来越多的震源参数可以用来描述震源破裂模型。目前常用的震源参数有拐角频率、震源尺度、应力降等[27]。分析各种震源参数的时空演化规律可以进一步研究地震孕育和发生的应力状况,并且为分析震源机制和评价发生的危险性打下基础[81]。

Mayeda 和 Walter[82]使用一个宽带台的区域尾波包络,稳定地估计地震能量、地震矩和应力降等震源参数;Prejean 和 Ellsworth[83]通过测量在长谷勘探井中 2 km 深度记录的 41 次地震的震源参数,研究了加州长谷火山口的震源参数定标和地震效率;Imanishi 等[84]通过联合分析 SAFOD 导孔中安装的 32 级三分量地震阵列记录的地震图,采用反演方法从位移振幅谱估计谱参数(拐角振幅、拐角频率和品质衰减因子);夏晨等[85]基于 ω^2 震源谱模型,将动力学拐角频率引入经验格林函数法;赵翠萍等[86]利用 Brune 的圆盘模型计算并讨论了我国大陆中小地震的震源特征。

在震源参数研究中,应力降是否取决于地震矩是特别让人感兴趣的[87-88]。由于测量中的不确定性,以及对动态破裂过程的不完全了解,准确确定应力降具有挑战性。过去曾提出过用圆形断裂的标准模型来分析破裂过程[89-91],而最近则研究了用圆形和椭圆形断裂模型来分析真实动态破裂场景[92-94],发现由于震源几何形状、破裂方向性和破裂速度的差异会导致估计的应力降和标定能量的变化。值得注意的是,研究发现人为诱发的地震可能比构造地震表现出更低的应力降[95-96]，Sumy 等[97]发现标准 Brune 模型求得的应力降范围在 0.005～4.8 MPa，中位值为 0.2 MPa（Madariaga 模型[90]求得的应力降范围为 0.03～26.4 MPa，中位值为 1.1 MPa），显著低于美国东部典型的板块内部的事件（应力降＞10 MPa）。他们还发现，应力降与震源深度和震级相关性很弱。然而，其他研究表明诱发事件和构造事件之间没有显著差异[98-99]，强调了精确的应力降估计的重要性；Huang 等[100]发现每次地震应力降的不确定性一般比应力降估计的范围小得多，一些通过其他模型研究的诱发地震的应力降值和范围与加州构造地震相似。

在震级关系分析方面，Bethmann 等[101]针对 195 起由瑞士巴塞尔市地下地热储层的刺激引起的事件，详细分析了 M_L 和 M_W 之间的关系，它们在给定的幅度范围内导出了 M_L 与 $1.5M_W$ 的关系。在过去的 20 年中，学者们对煤矿微震进行了相关的研究[102-103]，他们利用数值模拟方法研究了采动引起的变形场和微震事件，为更好地理解煤矿诱发的微震活动打下了基础。Driad-Lebeau 等[104]确定了由高水平应力引起的剧烈岩爆（局部震级为 3.6），这为确定下一个待开采面中的其他潜在高风险区提供了重要信息；Lu 等[105]通过研究原生和火成岩地层破裂的波形、频谱特征，来分析火成岩地层破裂产生的微震震源的时空演化规律；Wojtecki 等[106]在复杂的地质和开采条件下研究了地应力爆破，计算了诱发地震的地震源参数；Brown 等[107]提出了利用地震事件的视应力来识别岩体内发生局部应力变化的区域。

1.2.3　微震震源定位研究现状

微震震源定位是在地震定位原理[108-109]上发展而来的，是微震监测技术中最基本的问题之一[15]。微震震源定位是指利用采集到的信号和定位算法，反演得到震源位置和发震时刻，并评价定位结果的可靠性[17,110]。精确的震源定位是研究震源机制和震源分布的基础；精确的震源定位对冲击地压等破坏性矿震的监测预警、冲击危险性评定、震后救援等具有重要的现实意义[2,20]。

学者们在震源的定位方法上做了大量的研究。单纯形法[111]在非线性优化领域应用广泛，因为该方法在迭代过程不需要求偏导数和逆矩阵，而且稳定性良好[112-114]。Prugger 和 Gendzwill[115-116]首次将单纯形法在地震定位中进行了应用，发现定位效果良好。我国学者赵珠等[117]利用单纯形法对西藏地区地震进行了定位研究。Ge 等[118]采用基于 L_1 范数统计准则的单纯形法得到了较高的微震震源定位精度。

近年来,相对定位法得到了广泛的应用,使用相对地震定位方法可以有效地将结构误差的影响最小化[119-122],通常使用两种技术来从差分走时测量中获得相对位置。在主事件方法中,每个事件仅相对于一个事件(主事件)重新定位[123-126]。Got 等[122]通过确定所有可能的事件对的互相关时间延迟并将它们组合成一个线性方程组,克服了这些限制,该线性方程组由最小二乘法求解以确定次心分离。因为只考虑互相关数据,所以这种方法不能相对地重新定位不相关的簇。Dodge 等[127]通过将从主事件方法导出的互相关延迟时间分配给普通时间选择来将其转换为绝对时间。使用联合震源确定(JHD)方法,然后反转行程时间以同时估计震源参数、速度模型校正和台站校正。这种方法允许具有精确事件间距离的可关联事件组较弱地约束彼此相对移动。

Waldhauser 等[128-129]在 2000 年提出双差地震定位方法,并且取得了满意的定位效果,目前该方法已在地震定位中得到广泛应用[130-133]。杨智娴等[134]将双差地震定位法应用于我国中西部地区地震的精确定位来获得该地区地震震源分布的精细图像;黄媛等[135]应用双差法对新疆巴楚-伽师强震后 404 个余震序列进行重新精确定位,获得了更好的定位结果;赵博等[136]采用双差定位法对华北地区的地震进行重新定位,发现近年来华北地区的地震主要集中在北部的张渤带上;王未来等[137]采用双差定位方法对云南鲁甸地震震后的地震序列进行了重定位研究;王清东等[138]提出了时域多通道相关检测函数并用其计算波形互相关走时差数据,采用双差定位法对云南彝良 944 个地震进行重定位。

1.2.4　基于震源机制的煤岩体破裂机理研究现状

(1)震源机制研究现状

震源机制解,指通过监测到的波形数据反演震源处断层的走向、倾向、滑移角等参数。利用波初动方向资料反演震源机制解是传统而且比较有效的方法,但花费时间较长。目前,矩张量反演法应用广泛,矩张量表示震源的作用力或者地震矩的分布,其实质是震源处岩体的非弹性变形,而且矩张量很容易从记录的波形推得,在震后能快速测定震源矩张量参数,用于分析地震的形成机制及成因[139]。

在较大地震震源机制分析方面,张勇等[140]提出了一种利用远场地震波形资料获取大地震震源机制的时空变化图像的线性反演方法;刘超等[141]采用矩张量反演的新方法反演了汶川地震及其 7 个较大余震的矩张量解与震源时间函数等震源参数;赵翠萍等[142]在时间域反演了伽师震源区 52 次中等强度地震的矩张量,震源机制解的 P 轴、T 轴和 N 轴呈现出明显的分区特征;林向东等[143]利用 TDMT_INVC 方法计算了芦山主震及其 16 个余震的高质量矩张量解,并根据 P 轴、B 轴和 T 轴的倾角对主震及余震的断层类型进行了分类。

在诱发地震和微震震源机制分析方面。刘杰等[144]应用 Snoke 最新发展的利用波的初动和振幅比联合计算地震震源机制解的程序,计算了中小地震的震源机制解;薛军蓉等[145]给出了三峡水库蓄水半年内库区 9 次微震震源机制解的结果,发震断裂滑动类型从蓄水前的斜滑型改变为蓄水后的倾滑型;李铁等[146]基于双力偶点源的震源模型理论,得出卸荷产生的次生应力场是孕育矿震的主要应力来源、卸荷重力应力场诱发作用突出的结论;明华军等[147]建立了一套完整的岩爆孕育过程矩张量分析方法应用于锦屏二级水电站微震数据分析,较好地解释了岩爆孕育过程岩石破裂演化机制;明华军等[148]依据微震监测数据的矩张量结果,推导并得到了岩体破裂面空间方位计算方法;李铁等[149]应用地震学的岩体破裂震源机制解答方法,求解出老虎台煤矿井范围 81 个强矿震的震源机制;杨慧等[150]使用 gCAP(generalized Cut and Paste)方法反演了山东省临沂市平邑县发生的 4.0 级地震和最大一次余震事件的震源机制解和深度。

(2)震源破裂尺度的研究

震源破裂的几何参数主要包括破裂长度、破裂宽度、破裂面积以及破裂面上的平均滑动等参数。破裂参数与对应的地震震级之间的关系对于实际目的很重要,因为当这些参数已知时(从地质观测中),这些关系可用于估计地震的震级、余震的空间分布等[151-152]。

国内外学者在震源破裂尺度的求取方法和不同震级破裂尺度的求取上做了大量的研究。Chinnery[153]利用震级为 3.4～8.3 的一组 27 个与地震有关的断层参数来检验地震震级 M 与震源参数(长度 L、宽度 W、位移 D)的对数之间的经验线性关系,发现 M 和 lg D 之间有一个相对较好的线性关系;Kanamori 等[154]根据大量的地震资料以及裂纹和动态位错模型,讨论了地震矩 M_0、震级 M_s、能量 E 和断层长度 L(或面积 S)的经验关系;Acharya[155]根据余震资料,确定了世界不同地区的地震震级与破裂长度的关系,发现在每个区域的破裂长度和震级之间的相关性都很高;董瑞树等[156]重新拟合得到中国东部、西部和大陆 3 个地区震级和地震活动断层关系的综合结果;Wells 等[157]编制了世界范围内历史地震的震源参数,建立了震级、地表破裂长度、地下破裂长度、下倾破裂宽度、破裂面积、每次最大位移和平均位移之间的一系列经验关系;Pegler 等[158]

用统一的数据集确定了 34 次地震的地震矩与断层长度之间的标度关系；李忠华等[159]用最小二乘线性回归模型得到了云南地区 3 种震级范围的破裂长度与主震震级的经验关系式；Stirling 等[160]使用 Wells 和 Coppersmith 地震数据集的扩展和更新版本来拟合矩震级与平均地表位移的回归关系；龙锋等[161]系统整理出华北地区地震由地震波谱、地形变、余震分布等方法获得和发表的震源破裂尺度参数；Leonard[162]提出用比例关系来描述断裂宽度与断裂长度的比例，而且还提出了一个新的位移关系，通过将这些方程代入地震矩的定义，发展了一系列描述地震矩、破裂面积、长度、宽度和平均位移之间标度的自洽方程；冉洪流[163]采用蒙特卡罗方法，通过最小二乘法回归分析得出了中国西部走滑型活动断裂的滑动速率、破裂参数与震级之间的统计关系；耿冠世等[164]通过最小二乘法线性回归建立了我国西部地区地震震源破裂尺度 L 与面波震级 M_S 的经验关系式。

（3）震源破裂运动过程研究

地震破裂面上的滑动分布直接控制着强地面运动中各种频率分量波的激励，当表示传播介质脉冲反应的格林函数和破裂面上的滑动分布是已知的时，就可以来对地震进行模拟或预测[165]。

国内外学者在震源破裂模型方面做了大量的研究。汪进等[166]利用终止相和地震波谱综合研究了青海省门源 6.4 级地震的震源过程，并求出相应的震源动力学参数。Somerville[167]使用经验震源函数来提供震源辐射等效应的真实表示，使用简化的格林函数对波传播效应进行建模。Hartzell 等[168]利用混合全局搜索算法反演了 35 条强震速度记录，识别出 4 个振幅较大的滑移区。Mozaffari 等[169]动用经验格林函数反褶积方法，研究了中国云南澜沧-耿马 $M_S=7.6$ 地震的破裂过程；许力生等[170]经反演依赖于方位的震源时间函数获取了我国西藏玛尼地区 $M_S=7.9$ 地震断层面上破裂随时空变化的图像。Hisada[171]通过 k^2 模型，提出了构造 ω^2 模型的理论模型。Miyake 等[172]证实近震源区观测震源振幅谱的方位和距离依赖性，即破裂方向性效应，受破裂传播方式和强震发生区大小的控制。许力生等[173]分别介绍两种从远场地震记录中提取震源时间函数和获取有限断层面上时空破裂过程图像的反演方法。周云好等[174]用远场体波地震图反演震源破裂过程的一种新方法，研究了昆仑山口西 $M_S=8.1$ 地震的震源破裂过程。Gallovič 等[175]研究了 k^2 运动学强运动建模的方法：① 根据表示定理，给出了在强震合成中如何结合二维断层几何的 k 相关上升时间的方法；② 提出了如何产生包含粗糙度的真实 k^2 滑移模型；③ 对滑移速度函数的类型和滑移分布角波数进行了修正。

在有限断层模型中,多取为长方形的破裂面,断层破裂面一般按网格剖分成 N 个大小相等的子源。破裂从起始点开始,以一定的破裂速度呈辐射状向外传播。当破裂到达某一子源的中心时,触发该子源。破裂传播速度的分布和破裂起始点的位置控制着破裂过程。根据区域地壳速度结构和子源与场地的几何关系,各子源引发的地面运动以适当的时间延迟在时域中叠加,获得场地总的地面运动。运动学震源模型和动力学震源模型是描述震源模型特征的两类方法。运动学震源模型给出断层破裂面上的滑动时间和空间函数,不考虑应力条件。

最早的运动学模型是由 Haskell[176] 提出的,Aki[177] 用 Haskell 的震源模型模拟了加州 Parkfield 地震断层破裂面的近场强地面运动。随后,又有许多人尝试用 Haskell 模型模拟不同地震的强地面运动[178],对于地面运动位移和大多数的地面运动速度的模拟取得了成功,但对于高频成分丰富的地面运动加速度时程的模拟并不成功。因此,需要可以描述断层破裂面上滑动的不均匀分布地震震源模型。

随机断层模型[179-180],假设滑动、滑动速度、滑动角和破裂速度等断层参数在断层面上是随机分布的,能充分地产生高频地面运动。随机分布是用来近似地描述规律未知的一些复杂现象,为了使模型更接近实际破裂情况,需要利用能够已知的特征参数尽可能地对模型施加约束。Herrero 和 Bernard 等[181-182] 提出了滑动分布的空间波数谱以波数平方的倒数下降。该模型与 Andrews[180] 的随机模型以及 Frankel[183] 分维为 2 的分形模型是一致的。另外,Somerville 等[184] 发现,在大约 1 Hz 以下,用强震记录从震源反演研究求得的滑动分布与 k^2 滑动模型是一致的。Kamae 和 Irikura[185] 确定 1995 年 Kobe 地震的具有三个凹凸体的震源模型是服从 k^2 模型的[186]。Mai 等[187] 根据有限断层滑动分布反演中的发现,提出了一种描述地震滑动空间复杂性的随机方法。

1.3　存在的问题及不足

近年来,微震监测技术在煤矿微震监测及冲击地压预警中得到了较为广泛的应用,然而,对煤矿微震的震源参数和震源破裂机理缺乏深入系统的研究,微震监测技术在煤矿的广泛应用还存在以下几个问题:

(1) 现有煤矿微震定位方法中的单一波速模型仍与实际的煤系地层复杂速

度结构有一定差距,针对可以有效地减小复杂速度结构影响的相对定位法缺乏深入研究。

(2)目前,对煤矿微震部分震源参数进行了分析,但针对小尺度破裂和煤矿微震震源参数的深入系统研究较少,缺乏对震源性质的系统研究。

(3)煤矿微震破裂机理尚不明确,现有研究主要围绕震源机制反演,而对震源的破裂尺度和破裂面上的滑动分布缺乏深入研究。

1.4 主要研究内容及研究方法

1.4.1 主要研究内容

本文采用实验室实验、理论分析、数值模拟和现场试验验证等方法,以复杂煤岩介质条件下波场传播特征为切入点,深入研究基于高精度震源定位的震源参数和震源破裂机理,并进行现场验证与应用。主要研究内容如下:

(1)研究不同煤岩介质条件下波场的传播特征,揭示复杂煤岩介质条件对震动波传播过程的影响规律。

(2)针对煤系地层复杂速度结构对震源位置精度和稳定性影响,研究可以减小复杂速度结构影响的单纯形和双差联合定位法在煤矿微震定位的应用。

(3)研究求取小尺度破裂和煤矿微震震源参数的模型,系统地分析震源的大小和应力状态等震源性质,揭示震源参数随地震矩的变化特征。

(4)研究震源的破裂尺度和破裂面上的滑动分布,并与震源机制解相结合,揭示震源的破裂机理。

1.4.2 研究方法与技术路线

本文的研究思路及技术路线如图1-2所示。

采用的研究方法主要包括理论分析、实验室实验、数值模拟、现场试验验证。首先通过数值模拟分析震动波在不同煤岩介质模型下的传播特征;基于复杂波场特征的分析,提出单纯形和双差联合定位法来最大限度消除煤系地层复杂速度结构的影响,获取更加精确的震源位置;进行完整煤岩和含孔洞煤岩试样单轴加载下的破裂实验,分析相关的声发射特征,求取并分析实验室小尺度煤岩体破裂的震源参数及特征;基于联合定位法获取的精确震源位置,求取并分析老虎台煤矿微震的震源参数及特征;基于求取的震源参数,分析小尺度破

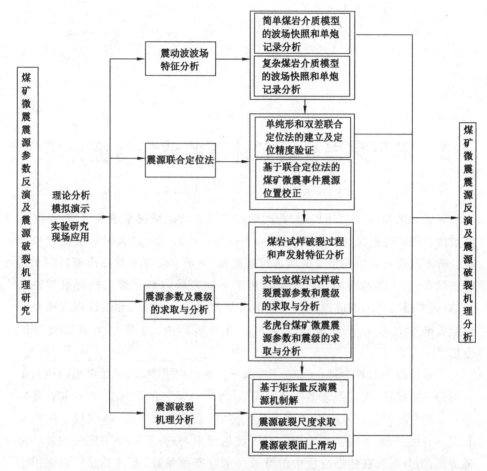

图 1-2　研究思路与技术路线

裂和煤矿微震的震源破裂机制、破裂尺度和破裂面上的滑动分布；最终开发"微震震源参数反演与震源破裂机理分析软件"。

2　不同煤岩介质条件下的波场特征分析

　　煤矿开采深度日益增加,与此同时煤矿微震活动情况也愈发严重,矿井微震监测系统监测到越来越复杂的波场传播特征[9,78]。因此通过数值模拟来准确分析不同煤岩介质模型下的波场传播过程,与基本震源参数品质衰减因子 Q 紧密联系,为主动地震勘探以及反演煤矿不同区域内部介质结构提供理论支持,对煤矿微震监测准确度的提高具有重要意义[36]。同时,数值模拟在研究矿山微震破裂过程和评估微震灾害对矿井的破坏上,也是一个非常有效的方法[54]。

　　本章以波动方程为理论基础[188],基于二维介质模型,以煤矿典型的煤岩单一均匀介质模型、煤岩组合多层介质模型、含断层煤岩介质模型、含水和含瓦斯煤岩双相介质模型以及随机介质模型为例,建立空间域 4 阶、时间域 2 阶高阶有限差分法[189]对不同介质模型进行了波场模拟,分析不同介质模型的波场传播特征,为分析波在传播过程中的衰减和求取震源参数(尤其是品质衰减因子 Q)提供理论依据。

2.1　有限差分法的相关理论

　　有限差分法是一种基于差分原理的算法。其基本思想是将待解区域划分为微分网格,然后用有限网格节点代替连续解域。利用导数和差商的近似,将描述介质传播的微分方程转化为差分方程的解[188]。有很多方法可以构建差异,目前常用的是泰勒级数展开法[189]。

　　地震波场的数值模拟基于地震波理论。当有限差分法用于求解波动方程时,变量被离散化,即连续物理量只考虑离散空间位置和离散时间,然后这些离散采样值用于表示方程的导数。对于单个变量的函数 $f(x)$,采样点处的采样值被离散化,在采样点 $x=l\Delta x$ 的采样值是 $f(l\Delta x)$,其中 Δx 表示步长,l 是整数。那么有限差分法中 $f(x)$ 在采样点 $x=l\Delta x$ 处的导数可近似成:

$$\frac{\mathrm{d}f(x)}{\mathrm{d}x} \approx \sum_{m=-N}^{N} \left[a_n f(x+m\Delta x) \right] \tag{2-1}$$

式中,a_n 是系数,N 是差分格式的长度,差分的格式是由 a_n 和 N 来决定的。在实际应用中常用的差分格式有向前差分、向后差分以及中心差分:

(1) 向前差分

$$\Delta^+ f = \frac{f(x+\Delta x) - f(x)}{\Delta x} \tag{2-2}$$

(2) 向后差分

$$\Delta^- f = \frac{f(x) - f(x-\Delta x)}{\Delta x} \tag{2-3}$$

(3) 中心差分

$$\delta f = \frac{f(x+\frac{\Delta x}{2}) - f(x-\frac{\Delta x}{2})}{\Delta x} \tag{2-4}$$

2.2　二维声波方程有限差分格式的建立

对比分析后发现,时间域 2 阶、空间域 4 阶可以更好地来模拟该煤岩介质条件下的波场特征。以下展示时间域 2 阶、空间域 4 阶的有限差分法。

一般地,二维非均匀介质的声波波动方程[28]可表示为:

$$\frac{\partial}{\partial x}\left(\frac{1}{\rho}\frac{\partial U}{\partial x}\right) + \frac{\partial}{\partial z}\left(\frac{1}{\rho}\frac{\partial U}{\partial z}\right) = \frac{1}{V^2\rho}\frac{\partial U^2}{\partial t^2} + s(x,z,t) \tag{2-5}$$

式中,$U=U(x,z,t)$ 为声压;V 为速度;ρ 为密度,随位置的变化而变化;$s(x,z,t)$ 为震源函数。本文研究的都是均匀介质,密度 ρ 是常数,则二维声波波动方程就可以表示为:

$$\frac{\partial^2 U}{\partial x^2} + \frac{\partial^2 U}{\partial z^2} = \frac{1}{V^2}\frac{\partial U^2}{\partial t^2} + s(x,z,t) \tag{2-6}$$

令 $U_{m,n}^k = U(m\Delta x, n\Delta z, k\Delta t)$,$\Delta x$、$\Delta z$ 为空间间隔;Δt 为时间间隔;k 为时间方向的离散网格;m 为 x 方向的离散网格;n 为 z 方向的离散网格。利用泰勒级数展开式将 $U_{m,n}^{k+1}$ 在 $U_{m,n}^k$ 处展开得到式(2-7),将 $U_{m,n}^{k-1}$ 在 $U_{m,n}^k$ 处展开得到式(2-8):

$$U_{m,n}^{k+1} = U(x,z,t+\Delta t)$$

$$= U_{m,n}^k + \Delta t \left(\frac{\partial U}{\partial t}\right)_{m,n}^k + \frac{1}{2}\Delta t^2 \left(\frac{\partial^2 U}{\partial t^2}\right)_{m,n}^k + \frac{1}{6}\Delta t^3 \left(\frac{\partial^3 U}{\partial t^3}\right)_{m,n}^k + \cdots + O(\Delta t^4)$$

$$(2\text{-}7)$$

$$U_{m,n}^{k-1} = U_{m,n}^k - \Delta t \left(\frac{\partial U}{\partial t}\right)_{m,n}^k + \frac{1}{2}\Delta t^2 \left(\frac{\partial^2 U}{\partial t^2}\right)_{m,n}^k - \frac{1}{6}\Delta t^3 \left(\frac{\partial^3 U}{\partial t^3}\right)_{m,n}^k + \cdots + O(\Delta t^4)$$

$$(2\text{-}8)$$

将式(2-7)与式(2-8)相加可得到式(2-9),对式(2-9)推导可得到关于 t 的 2 阶中心差分格式[式(2-10)]:

$$U_{m,n}^{k+1} + U_{m,n}^{k-1} = 2U_{m,n}^k + \Delta t^2 \left(\frac{\partial^2 U}{\partial t^2}\right)_{m,n}^k + O(\Delta t^4) \tag{2-9}$$

$$\left(\frac{\partial^2 U}{\partial t^2}\right)_{m,n}^k = \frac{U_{m,n}^{k+1} - 2U_{m,n}^k + U_{m,n}^{k-1}}{\Delta t^2} \tag{2-10}$$

基于此,可进一步推导出关于 x、z 的中心差分格式:

$$\left(\frac{\partial U}{\partial x}\right)_{m,n}^k = \frac{U_{m+1,n}^k - U_{m-1,n}^k}{2\Delta x} \tag{2-11}$$

$$\left(\frac{\partial U}{\partial z}\right)_{m,n}^k = \frac{U_{m,n+1}^k - U_{m,n-1}^k}{2\Delta z} \tag{2-12}$$

基于式(2-12)进一步推导可得关于 z 的 2 阶中心差分格式:

$$\left(\frac{\partial^2 U}{\partial z^2}\right)_{m,n}^k = \frac{U_{m,n+1}^k - 2U_{m,n}^k + U_{m,n-1}^k}{\Delta z^2} \tag{2-13}$$

令 $\Delta x = \Delta z = h$,基于上面得到的中心差分方程就可以求得二维波动方程的有限差分方程式(2-14),对式(2-14)进一步移向可得 2 阶波动方程的有限差分格式[式(2-15)]:

$$\left(\frac{\partial^2 U}{\partial x^2}\right)_{m,n}^k + \left(\frac{\partial^2 U}{\partial z^2}\right)_{m,n}^k = \frac{U_{m+1,n}^k - 2U_{m,n}^k + U_{m-1,n}^k}{\Delta x^2} + \frac{U_{m,n+1}^k - 2U_{m,n}^k + U_{m,n-1}^k}{\Delta z^2}$$

$$= \frac{U_{m+1,n}^k - 2U_{m,n}^k + U_{m-1,n}^k + U_{m,n+1}^k - 2U_{m,n}^k + U_{m,n-1}^k}{h^2}$$

$$= \frac{1}{V^2} \frac{U_{m,n}^{k+1} - 2U_{m,n}^k + U_{m,n}^{k-1}}{\Delta t^2} \tag{2-14}$$

$$U_{m,n}^{k+1} = 2U_{m,n}^k - U_{m,n}^{k-1} + V^2 \frac{\Delta t^2}{h^2}(U_{m+1,n}^k - 2U_{m,n}^k + U_{m-1,n}^k + U_{m,n+1}^k - 2U_{m,n}^k + U_{m,n-1}^k)$$

$$= 2(1 - 2B^2)U_{m,n}^k - U_{m,n}^{k-1} + B^2(U_{m+1,n}^k + U_{m-1,n}^k + U_{m,n+1}^k + U_{m,n-1}^k)$$

$$(2\text{-}15)$$

利用泰勒级数继续展开式,可以得到式(2-16),将式(2-16)与式(2-7)、式

(2-8)联立,可得到关于 t 的 4 阶有限差分格式[式(2-17)]:

$$U_{m,n}^{k+2} = U_{m,n}^k + (2\Delta t)\left(\frac{\partial U}{\partial t}\right)_{m,n}^k + \frac{1}{2}(2\Delta t)^2\left(\frac{\partial^2 U}{\partial t^2}\right)_{m,n}^k +$$

$$\frac{1}{6}(2\Delta t)^3\left(\frac{\partial^3 U}{\partial t^3}\right)_{m,n}^k + \frac{1}{24}(2\Delta t)^4\left(\frac{\partial^4 U}{\partial t^4}\right)_{m,n}^k \cdots + O(\Delta t^4)$$

$$U_{m,n}^{k-2} = U_{m,n}^k - (2\Delta t)\left(\frac{\partial U}{\partial t}\right)_{m,n}^k + \frac{1}{2}(2\Delta t)^2\left(\frac{\partial^2 U}{\partial t^2}\right)_{m,n}^k -$$

$$\frac{1}{6}(2\Delta t)^3\left(\frac{\partial^3 U}{\partial t^3}\right)_{m,n}^k + \frac{1}{24}(2\Delta t)^4\left(\frac{\partial^4 U}{\partial t^4}\right)_{m,n}^k \cdots + O(\Delta t^4) \quad (2\text{-}16)$$

$$\left(\frac{\partial^2 U}{\partial t^2}\right)_{m,n}^k = \frac{U_{m,n}^{k+2} + 16U_{m,n}^{k+1} - 30U_{m,n}^k + 16U_{m,n}^{k-1} - U_{m,n}^{k-2}}{12\Delta t^2} \quad (2\text{-}17)$$

根据同样的方法分别可以得到关于 x 和 z 的 4 阶有限差分格式:

$$\left(\frac{\partial^2 U}{\partial x^2}\right)_{m,n}^k = \frac{U_{m+2,n}^k + 16U_{m+1,n}^k - 30U_{m,n}^k + 16U_{m-1,n}^k - U_{m-2,n}^k}{12\Delta x^2} \quad (2\text{-}18)$$

$$\left(\frac{\partial^2 U}{\partial z^2}\right)_{m,n}^k = \frac{U_{m,n+2}^k + 16U_{m,n+1}^k - 30U_{m,n}^k + 16U_{m,n-1}^k - U_{m,n-2}^k}{12\Delta z^2} \quad (2\text{-}19)$$

在此基础上就可以推导出时间域 2 阶空间域 4 阶的波动方程有限差分方程:

$$U_{m,n}^{k+1} = \frac{B^2}{12}\big[16(U_{m+1,n}^k + U_{m-1,n}^k + U_{m,n+1}^k + U_{m,n-1}^k) -$$

$$(U_{m+2,n}^k + U_{m-2,n}^k + U_{m,n+2}^k + U_{m,n-2}^k)\big] + (2 - 5B^2)U_{m,n}^k - U_{m,n}^{k-1}$$

$$(2\text{-}20)$$

式中,$B = V\dfrac{\Delta t}{h}$,其他符号意义同前。

2.3 基于高阶有限差分法的不同煤岩介质波场特征分析

2.3.1 均匀单层煤岩介质模型波场模拟

(1)均匀单层煤介质模型波场模拟

建立均匀单层煤介质模型,$v_p = 1\ 300$ m/s,$v_s = 751$ m/s,$\rho = 1\ 400$ kg/m³。采用 $DX = 10.0$,$DY = 10.0$,$DT = 0.001$ s,网格数为 1 600×1 600,模拟震源位置为(0,0),震源 Ricker 子波频率为 30 Hz。此模型在 $t = 80$ ms 时的波场快照如图 2-1 所示。

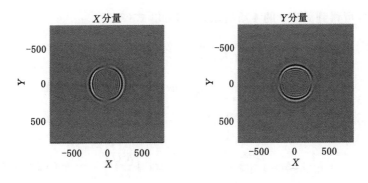

图 2-1　单层煤介质模型 X 分量和 Y 分量波场快照

从图 2-1 中可以看出,在均匀单层煤介质模型中,震源在中心位置,纵横波(P 和 S 波)都由中心向四周传播,P 波和 S 波的波前是一个同心圆,纵横波都呈四象限分布。

(2)均匀单层岩介质模型波场模拟

建立均匀单层岩介质模型,$v_p = 3\ 500$ m/s,$v_s = 2\ 021$ m/s,$\rho = 2\ 600$ kg/m^3,采用 $DX = 10.0, DY = 10.0, DT = 0.001$ s,网格数为 $1\ 600 \times 1\ 600$,模拟震源位置为$(0, 0)$,震源 Ricker 子波频率为 30 Hz。此模型在 $t = 80$ ms 时波场快照如图 2-2 所示。

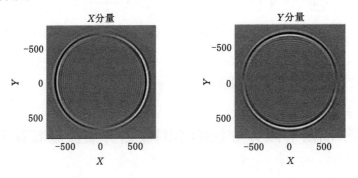

图 2-2　单层岩介质模型 X 分量和 Y 分量波场快照

从图 2-2 中可以看出,单层岩介质和单层煤介质类似,同样为均匀单层模型,P 波和 S 波都由中心向四周传播,P 波和 S 波的波前也是一个同心圆,波呈四象限分布。但是由于煤、岩介质不同,波在岩介质的速度明显大于煤介质,所以在相同的传播时间下,P 波和 S 波在均匀单层岩介质模型中的传播速度要明显地大于均匀单层煤介质模型。

2.3.2　组合煤岩介质模型波场模拟

2.3.2.1　煤岩双层介质模型波场模拟

（1）煤岩双层介质模型 Ⅰ

建立煤岩双层介质模型 Ⅰ，上层（－800～100）为煤层，$v_p = 1\ 300\ \text{m/s}$，$v_s = 751\ \text{m/s}$，$\rho = 1\ 400\ \text{kg/m}^3$；下层（100～800）为岩层，$v_p = 3\ 500\ \text{m/s}$，$v_s = 2\ 021\ \text{m/s}$，$\rho = 2\ 600\ \text{kg/m}^3$。$DX = 10.0$，$DY = 10.0$，$DT = 0.001\ \text{s}$，网格数为 $1\ 600 \times 1\ 600$，模拟震源位置为（0，0），此时模拟震源在上部煤层，震源 Ricker 子波频率为 30 Hz。此模型在 $t = 80\ \text{ms}$ 时的波场快照如图 2-3 所示，不同时刻的波场快照如图 2-4 和图 2-5 所示，单炮记录如图 2-6 所示。

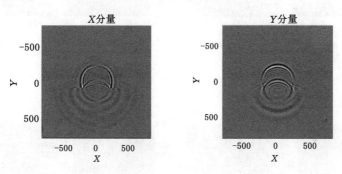

图 2-3　煤岩双层介质模型 Ⅰ X 分量和 Y 分量波场快照

从图 2-5 中可以看出，煤岩双层介质模型 Ⅰ 中，开始阶段，P 波和 S 波都由中间向四周传播。但在波到达煤岩层的分界面上时，波发生反射、透射和转换，产生反射 P 波（PP1）和反射 S 波（SS1）、透射 P 波（PP2）和透射 S 波（SS2）、反射转换波（PS1 和 SP1）以及透射转换波（PS2 和 SP2），由于波在下层岩层中的传播速度比在上层煤层中的大，故在下部岩层中形成的透射波、透射转换波比在上部煤层中形成的反射波、反射转换波传播快，波前变成下深上缓的不规则椭圆。而且通过进一步观察可以看出，反射波比反射转换波传播速度快，透射波比透射转换波传播速度快。图 2-6 中不同时刻波场快照可以进一步形象地描述波场动态特征。

（2）煤岩双层介质模型 Ⅱ

建立煤岩双层介质，上层（－800～100）为岩层，$v_p = 3\ 500\ \text{m/s}$，$v_s = 2\ 021\ \text{m/s}$，$\rho = 2\ 600\ \text{kg/m}^3$；下层（100～800）为煤层，$v_p = 1\ 300\ \text{m/s}$，$v_s = 751\ \text{m/s}$，

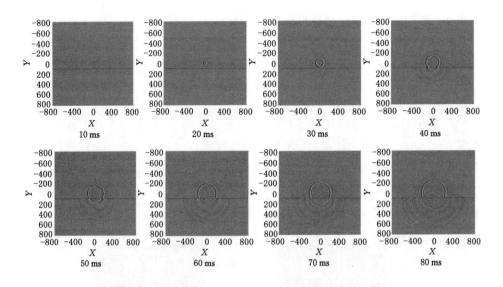

图 2-4　煤岩双层介质模型 Ⅰ X 分量不同时刻波场快照

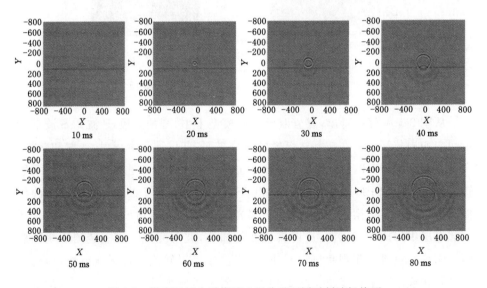

图 2-5　煤岩双层介质模型 Ⅰ Y 分量不同时刻波场快照

$\rho=1\ 400\ \text{kg/m}^3$。$DX=10.0, DY=10.0, DT=0.001\ \text{s}$，网格数为 $1\ 600 \times 1\ 600$，模拟震源位置为 $(0,0)$，此时模拟震源在上部岩层，震源 Ricker 子波频率为 30 Hz。此模型在 $t=80\ \text{ms}$ 时的波场快照如图 2-7 所示，单炮记录如图 2-8 所示。

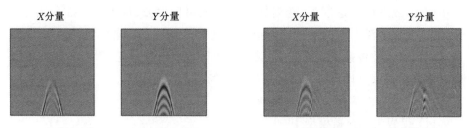

(a) 检波器在(0，-160)处单炮记录　　　　　　(b) 检波器在(-160,0)处单炮记录

图 2-6　煤岩双层介质模型 Ⅰ X 分量和 Y 分量单炮记录

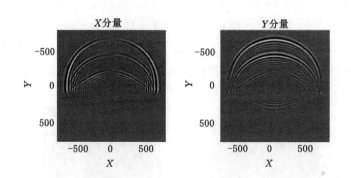

图 2-7　煤岩双层介质模型 Ⅱ X 分量和 Y 分量波场快照

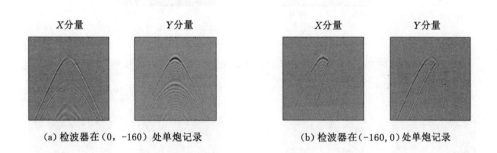

(a) 检波器在(0，-160)处单炮记录　　　　　　(b) 检波器在(-160,0)处单炮记录

图 2-8　煤岩双层介质模型 Ⅱ X 分量和 Y 分量单炮记录

从图 2-7 中可以看出，煤岩双层介质模型 Ⅱ 与煤岩双层介质模型 Ⅰ 有相似之处，但也有明显区别。开始阶段，P 波和 S 波都由中间向四周传播，波到达煤岩层的界面上时，波同样也会发生反射、透射和转换，产生反射 P 波（PP1）和反射 S 波（SS1）、透射 P 波（PP2）和透射 S 波（SS2）、反射转换波（PS1 和 SP1）以及透射转换波（PS2 和 SP2），但此时由于波在上层岩层中的传播速度比在下层煤

层中的大,故下层的透射波、透射转换波比上层反射波、反射转换波传播速度慢,波前变成下深上缓的不规则菱形。而且此模型也存在着同样的规律,反射波比反射转换波传播速度要快,透射波比透射转换波传播速度快。图 2-8 中不同时刻波场快照可以进一步形象地描述波场动态特征。

2.3.2.2 煤岩三层介质模型波场模拟

（1）煤岩三层介质模型Ⅰ

建立煤岩三层介质模型Ⅰ,上层($-800\sim-100$)为岩层,$v_p=2\,500$ m/s,$v_s=1\,445$ m/s,$\rho=1\,800$ kg/m³;中层($-100\sim100$)为煤层,$v_p=1\,300$ m/s,$v_s=751$ m/s,$\rho=1\,400$ kg/m³;下层($100\sim800$)为岩层,$v_p=3\,500$ m/s,$v_s=2\,021$ m/s,$\rho=2\,600$ kg/m³。$DX=10.0,DY=10.0,DT=0.001$ s,网格数为 $1\,600\times1\,600$,模拟震源位置为($0,0$),震源在中部煤层,震源 Ricker 子波频率为 30 Hz。此模型在 $t=80$ ms 时波场快照如图 2-9 所示,单炮记录如图 2-10 所示。

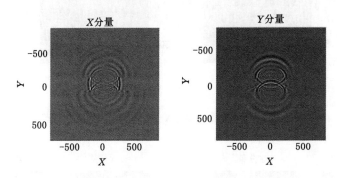

图 2-9　煤层三层介质模型Ⅰ X 分量和 Y 分量波场快照

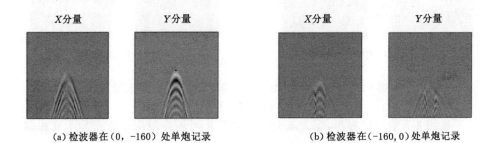

(a)检波器在($0,-160$)处单炮记录　　　　　(b)检波器在($-160,0$)处单炮记录

图 2-10　煤岩三层介质模型Ⅰ X 分量和 Y 分量单炮记录

从图 2-9 中可以看出,开始阶段,P 波和 S 波都由中间向四周传播,但由于

煤岩三层介质模型Ⅰ的震源位置在中间的煤层,在上下岩层的分界面上,波前都会产生反射 P 波(PP1)和反射 S 波(SS1)、透射 P 波(PP2)和透射 S 波(SS2)、反射转换波(PS1 和 SP1)以及透射转换波(PS2 和 SP2),而且由于波在上下岩层中的传播速度都比在中间煤层中的大,故透射波、透射转换波比反射波、反射转换波传播速度快,波前变成下深上缓的不规则椭圆,但由于波在下岩层中的传播速度比在上岩层中的速度要大,所以下岩层波形成的不规则椭圆大于上岩层的椭圆。而且此模型也存在反射波比反射转换波传播速度快、透射波比透射转换波传播速度快的规律。图 2-10 中不同时刻波场快照可以进一步形象地描述波场动态特征。

(2) 煤岩三层介质模型Ⅱ

建立三层介质模型Ⅱ,上层(−800～−100)为岩层,$v_p = 2\,500$ m/s,$v_s = 1\,445$ m/s,$\rho = 1\,800$ kg/m³;中层(−100～0)为煤层,$v_p = 1\,300$ m/s,$v_s = 751$ m/s,$\rho = 1\,400$ kg/m³;下层(0～800)为岩层,$v_p = 3\,500$ m/s,$v_s = 2\,021$ m/s,$\rho = 2\,600$ kg/m³。$DX = 10.0$,$DY = 10.0$,$DT = 0.001$ s,网格数为 $1\,600 \times 1\,600$,模拟震源位置为(0,−200),此时模拟震源在上部岩层,震源 Ricker 子波频率为 30 Hz。此模型在 $t = 80$ ms 时的波场快照如图 2-11 所示,不同时刻的波场快照如图 2-12 和图 2-13 所示,单炮记录如图 2-14 所示。

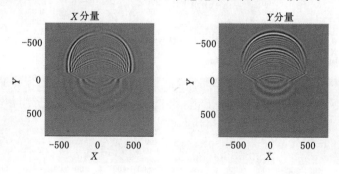

图 2-11 　煤岩三层介质模型Ⅱ X 分量和 Y 分量波场快照

从图 2-13 中可以看出,开始阶段,P 波和 S 波都由中间向四周传播,但由于煤岩三层介质模型Ⅱ震源位置在上部的煤层,从上往下传播的过程中会经过两个煤岩分层界面,在经过两个分层界面面时,波都会产生反射 P 波(PP1)和反射 S 波(SS1)、透射 P 波(PP2)和透射 S 波(SS2)、反射转换波(PS1 和 SP1)以及透射转换波(PS2 和 SP2)。在经过第一个分层界面时,由于波在中层煤层中的传播速度比上层岩小,故透射波、透射转换波比反射波、反射转换波传播速度慢,

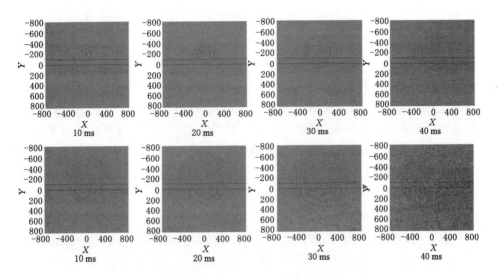

图 2-12　煤岩三层介质模型Ⅱ X 分量不同时刻波场快照

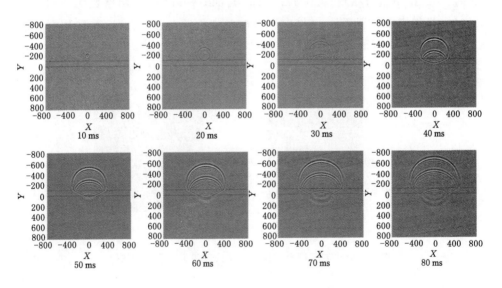

图 2-13　煤岩三层介质模型Ⅱ Y 分量不同时刻波场快照

波前变成下深上缓的不规则菱形；紧接着透射波再经过第二个反射界面，波在下层岩层中的传播速度比在中层煤中的大，故透射波、透射转换波比反射波、反射转换波传播速度快，波前变成下深上缓的不规则椭圆，但由于波在经过煤层后发生了大幅度的衰减，故产生的不规则椭圆比较小。而且此模型也存在着反

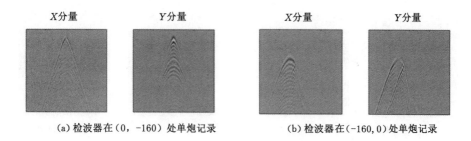

（a）检波器在（0，−160）处单炮记录　　（b）检波器在（−160，0）处单炮记录

图 2-14　煤岩三层介质模型 Ⅱ X 分量和 Y 分量单炮记录

射波比反射转换波传播速度快、透射波比透射转换波传播速度快的规律。图 2-14 可以进一步形象地描述波场动态特征。

（3）煤岩三层介质模型Ⅲ

建立煤岩三层介质模型Ⅲ，上层（−800～−100）为岩层，$v_p = 2\,500$ m/s，$v_s = 1\,445$ m/s，$\rho = 1\,800$ kg/m³；中层（−100～0）为水层，$v_p = 1\,400$ m/s，$v_s = 808$ kg/m³，$\rho = 980$ kg/m³；下层（0～800）为岩层，$v_p = 3\,500$ m/s，$v_s = 2\,021$ m/s，$\rho = 2\,600$ kg/m³。$DX = 10.0$，$DZ = 10.0$，$DT = 0.001$ s，网格数为 1 600×1 600，模拟震源位置为（0，−200），此时模拟震源在上岩层，震源 Ricker 子波频率为 30 Hz。检波器分别在（0，−160）和（−160，0）处，波场快照和单炮记录如图2-15和图 2-16 所示。

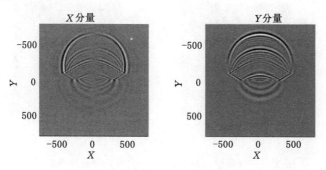

图 2-15　煤岩三层介质模型Ⅲ X 分量和 Y 分量波场快照

从图 2-15 和图 2-16 中可以看出，煤岩三层介质模型Ⅲ和煤岩三层介质模型Ⅱ的传播规律一致。只是在模型Ⅲ中，中部水层的透射波、透射转换波、反射波和反射转换波组成的波场要比模型Ⅱ中部煤层的波场明显。

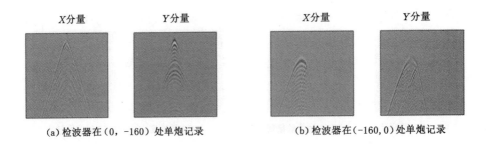

X 分量　　　　　　Y 分量　　　　　　　　X 分量　　　　　　Y 分量

(a) 检波器在 (0, -160) 处单炮记录　　　　　　(b) 检波器在 (-160, 0) 处单炮记录

图 2-16　煤岩三层介质模型Ⅲ X 分量和 Y 分量单炮记录

2.3.3　复杂模型

(1) 含断层介质模型波场模拟

建立含断层介质模型,断层模型由两种岩层组成:岩层 1, $v_p=2\,500$ m/s, $v_s=1\,445$ m/s, $\rho=1\,800$ kg/m³;岩层 2, $v_p=3\,500$ m/s, $v_s=2\,021$ m/s, $\rho=2\,600$ kg/m³,断层交界点在 (100, 100) 处。$DX=10.0, DY=10.0, DT=0.001$ s,网格数为 $1\,600\times1\,600$,模拟震源位置为 (0, -200),此时模拟震源在岩层 1,震源 Ricker 子波频率为 30 Hz。此模型在 $t=80$ ms 时的波场快照如图 2-17 所示,不同时刻的波场快照如图 2-18 和图 2-19 所示,单炮记录如图 2-20 所示。

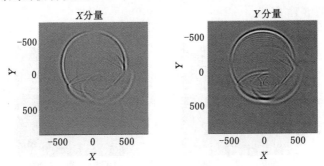

图 2-17　含断层介质模型 X 分量和 Y 分量波场快照

从图 2-17 中可以看出,在煤岩断层模型中,可以观察到更加丰富的波场特征。波开始也是从中间向四周传播,但在断层界面上时,波前会产生反射 P 波 (PP1) 和反射 S 波 (SS1)、透射 P 波 (PP2) 和透射 S 波 (SS2)、反射转换波 (PS1 和 SP1) 以及透射转换波 (PS2 和 SP2)。除了产生的这些波以外,还可以观察到在断层的交界点会形成一个新的震源,产生折射波和绕射波继续向空间传播。

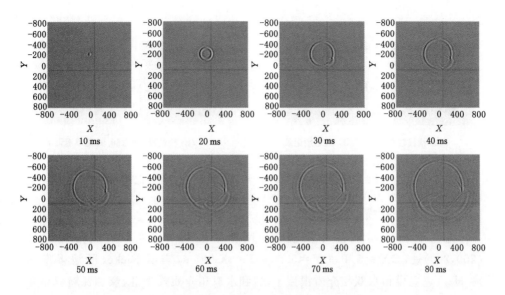

图 2-18　含断层介质模型 X 分量不同时刻波场快照

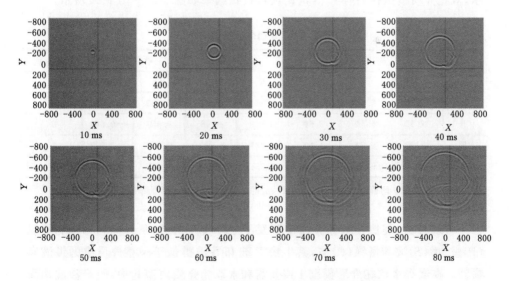

图 2-19　含断层介质模型 Y 分量不同时刻波场快照

折射波和绕射波在上层和下层都存在，并且从图中可以看出此模型层中的反射波与绕射波是相互连接的，找到其中一种波就可以找到另外一种波。图 2-20 可以进一步形象地描述波场动态特征。

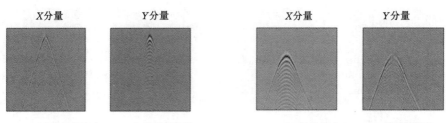

X分量	Y分量	X分量	Y分量

(a) 检波器在 (0, −160) 处单炮记录　　　　(b) 检波器在 (−160, 0) 处单炮记录

图 2-20　含断层介质模型 X 分量和 Y 分量单炮记录

（2）双相介质模型波场模拟

建立双相各向同性介质模型。网格个数为 400×400，震源位置在 $(200,200)$ 处，$DX = 5.0$，$DY = 5.0$，$DT = 0.001$ s，震源 Ricker 子波频率为 30 Hz。建立煤和水双相介质模型Ⅰ、岩和水双相介质模型Ⅱ、煤和瓦斯双相介质模型Ⅲ以及岩和瓦斯双相介质模型Ⅳ，4 种双相介质模型的参数如表 2-1 所示，双相介质模型在 $t = 80$ ms 时的波场模拟结果如图 2-21~图 2-24 所示。

表 2-1　双相介质模型参数

模型	固相系数			液相系数		耦合系数		耗散系数
	A	N	ρ_{11}	R	ρ_{22}	Q	ρ_{12}	b
Ⅰ	12.72	6.84	1.40	0.331	0.98	0.953	−0.083	3
Ⅱ	12.72	6.84	2.60	0.331	0.98	0.953	−0.083	3
Ⅲ	12.72	6.84	1.40	0.331	0.091	0.953	−0.083	3
Ⅳ	12.72	6.84	2.60	0.331	0.091	0.953	−0.083	3

注：A，N，R 和 Q 的单位为 10^9 kg/(m·s²)；ρ_{ij} 的单位为 10^3 kg/m³；b 的单位为 kg·s/m³。

可以看出，震源在双相介质中激发了三种类型的波，从外向内分别为快纵（P）波、横（S）波和慢纵（P）波，其中快 P 波和 S 波类似于单相介质中的纵波和横波。在煤和水双相介质模型Ⅰ以及岩和水双相介质模型Ⅱ中，慢 P 波波速很慢，而且快 P 波和 S 波在流相介质中传播非常不明显。由于在岩层中的波速明显大于在煤层中，快 P 波和 S 波在岩水双相介质中的传播速度明显大于在煤水双相介质中，但慢 P 波的波速几乎没有什么区别。在煤和瓦斯双相介质模型Ⅲ中以及岩和瓦斯双相介质模型Ⅳ中，慢 P 波比在模型Ⅰ和模型Ⅱ中波速快，变化明显，而且在流相介质中的快 P 波和 S 波波速也比模型Ⅰ和Ⅱ中稍微明显。

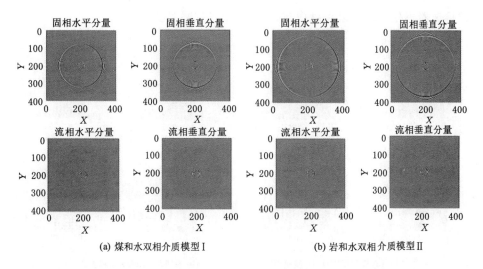

(a) 煤和水双相介质模型 I　　　　　　　(b) 岩和水双相介质模型 II

图 2-21　含水煤岩双相介质模型 X 分量和 Y 分量波场快照

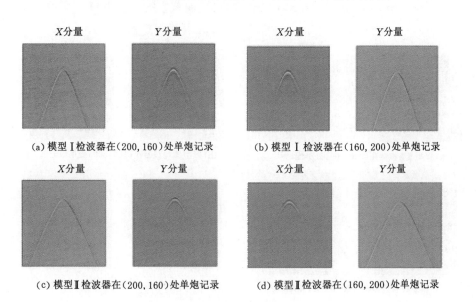

(a) 模型 I 检波器在(200,160)处单炮记录　　(b) 模型 I 检波器在(160,200)处单炮记录

(c) 模型 II 检波器在(200,160)处单炮记录　　(d) 模型 II 检波器在(160,200)处单炮记录

图 2-22　含水煤岩双相介质模型 X 分量和 Y 分量单炮记录

同样的,由于在岩层中的波速明显大于在煤层中,快 P 波和 S 波在岩和瓦斯双相介质中的传播速度明显大于在煤和瓦斯双相介质中,但慢 P 波几乎没有什么区别。在模型 I 和 II 中,在(200,160)和(160,200)处的检波器可以记录到纵横波,但是记录不到慢 P 波。在介质模型 III 和 IV 中,在(200,160)和(160,200)处

的检波器不仅可以记录到纵横波,还可以记录到慢纵波。

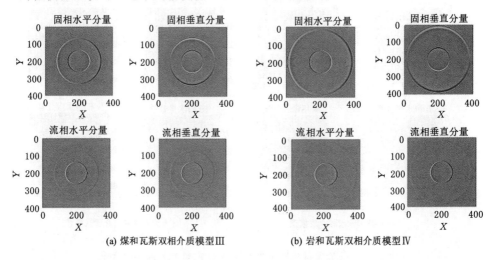

(a) 煤和瓦斯双相介质模型Ⅲ   (b) 岩和瓦斯双相介质模型Ⅳ

图 2-23   含瓦斯煤岩双相介质模型 X 分量和 Y 分量波场快照

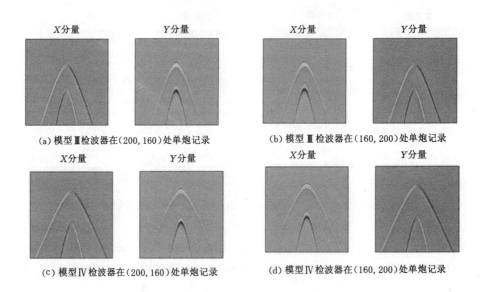

(a) 模型Ⅲ检波器在(200,160)处单炮记录   (b) 模型Ⅲ检波器在(160,200)处单炮记录

(c) 模型Ⅳ检波器在(200,160)处单炮记录   (d) 模型Ⅳ检波器在(160,200)处单炮记录

图 2-24   含瓦斯煤岩双相介质模型 X 分量和 Y 分量单炮记录

2.3.4 随机介质模型的波场分析

单层随机介质模型的长度为 400 m、深度为 400 m,垂直和水平网格步长为 2 m,平均速度 v 为 3 500 m/s,平均密度 ρ 为 2.6 g/cm³,标准偏差 ε 为 10%,比

例常数 K 为 0.5。建立了非均匀体散射波特性分析模型,如图 2-25 所示。

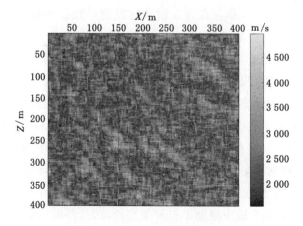

图 2-25　随机介质模型

从图 2-25 中可以看出,这个模型是非常随机的。基于此模型,分析(200,160)处检波器上的单炮记录,结果如图 2-26 所示。

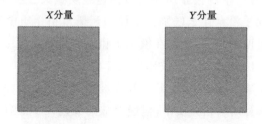

图 2-26　(200,160)处检波器的 X 分量和 Y 分量单炮记录

从图 2-26 中可以看出,在随机介质模型下,波场明显不同于均匀介质。在这种情况下产生非常复杂的散射波。

2.4　本章小结

基于声波方程的空间域 4 阶、时间域 2 阶高阶有限差分法可以对不同煤岩介质条件下的波场传播特征进行演示和分析。

(1)煤岩单层介质模型的 P 波和 S 波的传播规律基本一致,只是速度不同。在多层介质中,开始阶段,波由中间向四周传播,但在煤岩介质的分层处,波都会发生反射和转换,产生反射波、透射波、反射转换波和透射转换波,由于波在不同煤岩介质中的传播速度不同,经过反射、透射后产生的波场的形状也不同。但在所有介质中,都存在着反射波比反射转换波传播速度快、透射波比透射转换波传播速度快的规律。

(2)在含断层的复杂介质中,在波到达断层界面上时,波前会产生反射P波(PP1)和反射 S 波(SS1)、透射 P 波(PP2)和透射 S 波(SS2)、反射转换波(PS1 和 SP1)以及透射转换波(PS2 和 SP2)。除了产生的这些波以外,还可以观察到在断层的交界点会形成一个新的震源,产生折射波和绕射波继续向空间传播。折射波和绕射波在上层和下层都存在,并且此模型中的反射波与绕射波是相互连接的,找到其中一种波就可以找到另外一种波。不同时刻波场快照可以进一步形象地描述波场动态特征。

(3)震源在双相介质中激发了三种类型的波,从外向内分别为快纵(P)波、横(S)波和慢纵(P)波,快 P 波和 S 波类似于单相介质中的纵波和横波。在煤和水双相介质模型Ⅰ以及岩和水双相介质模型Ⅱ中,慢 P 波波速很慢,而快 P 波和 S 波在流相介质中传播非常不明显。由于在岩层中的波速明显大于在煤层中,快 P 波和 S 波在岩水双相介质中的传播速度明显大于在煤水双相介质中,但慢 P 波的波速几乎没有什么区别。在煤和瓦斯双相介质模型Ⅲ中以及岩和瓦斯双相介质模型Ⅳ中,慢 P 波比在模型Ⅰ和模型Ⅱ中波速快,变化比较明显,而且在流相介质中快 P 波和 S 波波速也比模型Ⅰ和Ⅱ中稍快。同样的,由于在岩层的波速明显大于在煤层中,快 P 波和 S 波在岩和瓦斯双相介质中的传播速度明显大于在煤和瓦斯双相介质中,但慢 P 波的波速几乎没有什么区别。在随机介质模型下,波场明显不同于均匀介质,会产生非常复杂的散射波。

(4)通过不同位置检波器获取的单炮记录,可以进一步了解波场的传播特征。通过对不同煤岩介质模型的波场特征进行分析,可以清楚地认识到波场在不同介质条件下的传播规律以及波在遇到各种介质分层和断层等复杂条件下的变化规律,可以为下面分析波在传播过程中的衰减和求取震源参数(尤其是品质衰减因子 Q)打下理论基础。

通过以上分析可以看出,不同煤岩介质构造对波的传播过程有着重要影响,因此需要提出一种可以减小煤系地层速度结构模型复杂对震源定位精度的影响的震源联合定位法,而且需要考虑不同介质条件下波的传播过程来分析品质衰减因子 Q。

3   基于单纯形和双差的联合定位法

3.1   单纯形法和双差法的相关理论

地震定位是地震学中的一项重要研究,地震位置由震源(x_0, y_0, z_0)和震源时间t_0确定。震源是物理位置,通常用经度(x_0)、纬度(y_0)和地表以下深度(z_0)来表示,震中是地震位置在地球表面(x_0, y_0)的投影。为了便于分析,震源将被标记为x_0、y_0、z_0,可以理解为地理纬度(deg)、经度(deg)和深度(km)或者笛卡尔坐标,震源距Δ是从震中到沿地表的台站(x, y, z)的距离,对于假定平坦地球上的局部地震,它简单地计算为:

$$\Delta = \sqrt{(x - x_0)^2 + (y - y_0)^2} \tag{3-1}$$

其单位通常用 km。对于球状地球,沿大圆路径计算震中距离的度数,可以显示为[191]:

$$\Delta = \cos^{-1}\left[\sin\theta_0 \sin\theta + \cos\theta_0 \cos\theta \cos(\lambda - \lambda_0)\right] \tag{3-2}$$

式中,θ_0和θ分别是震中和台站的纬度,λ_0和λ是对应的经度。对于局部地震,震源距也被应用和计算为:

$$\Delta = \sqrt{(x - x_0)^2 + (y - y_0)^2 + (z - z_0)^2} \tag{3-3}$$

对于远距离的地震,震源距是沿着射线路径的距离。关于地震位置,也可以通过方位角和后方位角来表示。

方位角是利用震中和台站位置计算的,后方位角可以被计算,但是也可以从三分量台站和阵列上观测到。方位角是沿顺时针方向测量的震中位于向北和向台站方向之间的角度,后方位角是顺时针方向在向北和向台站方向之间的角度。对于局部地震(假设为平地),后方位角和方位角相距$180°$,而对于全球距离,角度必须在球面三角形上测量,且除了在球面地球上进行计算之外,还必须考虑椭圆度的影响。所以在大多数全球定位程序中内置了功能,会自动校正椭圆度。

震源时间是指地震发生的时间(破裂开始)。对于大地震,断层的物理尺寸可能是几百千米,原则上震源可以位于破裂面的任何地方。由于震源位置和震源时间由第一次破裂开始的地震相位到达时间决定,所以计算的震源位置将与破裂初始点相对应,起始时间对应于破裂开始的时间。使用任何 P 或 S 相也是如此,因为破裂速度小于 S 波速度,所以从破裂结束时发射的 P 波或 S 波能量总是比从破裂开始辐射的能量晚到达。标准地震目录(例如国际地震中心)主要根据高频 P 波的到达时间确定位置,这个位置可能与由长周期波的矩张量反演得到的质心起始时间和位置有很大不同,质心位置表示整个事件的平均时间和位置。

基于第 2 章对不同煤岩介质条件下的波场分析,发现现有的在定位方法中建立的各种复杂波速模型仍与复杂的波传播过程有一定的差距。双差地震定位方法作为一种相对定位法可以减少由于对复杂地壳结构认识不准确而引起的误差,但同时需要已知震源位置,来对已知震源位置进行校正。而基于 AP-SIM 的单纯形震源定位方法(APSIM-Simplex)[2],综合考虑了影响震源定位的关键因素,可以获得相对精确的震源位置。因此建立单纯形和双差联合定位法,首先基于 APSIM 的单纯形震源定位方法获取相对精确的震源位置,然后通过双差法对求取的相对精确的震源位置进行进一步校正,最终获得满足现场需求的精确震源位置。

3.1.1 单纯形算法理论

对于多维无约束优化问题,可以采用单纯形法进行数值搜索。通过比较单个空间中每个顶点的函数值,它将拥有函数的最大值的顶点替换为其他点,以便单纯形向空间中函数的最小值方向移动,最后找到空间中函数最小值的点[111]。

首先设函数 $f(x_1, x_2, x_3, \cdots, x_n)$ 为 n 维空间内任意函数,$P_1, P_2, P_3, \cdots,$ P_n, P_{n+1} 为 n 维空间内任意的 $(n+1)$ 个点,把这些点连接起来得到一个具有 $(n+1)$ 个顶点的图形,将这个图形记为"单纯形"。

记 y_i 是顶点 P_i 的函数值,并记 $y_h = \max(y_i)$,$y_l = \min(y_i)$。定义 $\overline{P}$ 为单纯形的形心,并记 $|P_i P_j|$ 为点 P_i 与点 P_j 之间的距离。原单纯形中的顶点 P_h 可以

通过映射、扩展、压缩、收缩等 4 种转换形式,替换为一个新的点。

单纯形法的具体实施过程见图 3-1。

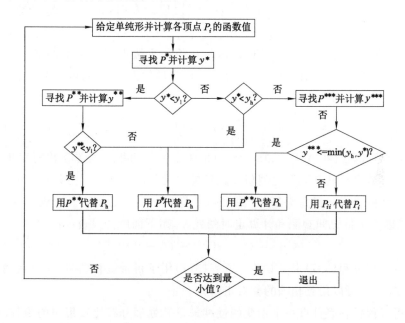

图 3-1 单纯形算法流程

3.1.2 双差定位法

双差地震定位法是在主事件地震定位法基础上发展起来的一种相对地震定位方法,可以避免主事件地震定位方法的一些缺陷。双差地震定位方法不仅可以减少由于对复杂地壳结构认识不准确而引起的误差,而且可以应用于空间跨度大于主事件相对定位方法的地震事件群,该算法具有很强的抗干扰性和健壮性效果[143-145]。

基于射线理论,把地震 i 相对于台站 k 的到时 T 表示为沿射线路径的积分:

$$T_k^i = t^i + \int_i^k u\,\mathrm{d}s \tag{3-4}$$

式中,τ 为事件 i 的发震时刻,u 为慢度场,$\mathrm{d}s$ 为路径长度元素。由于走时和事件位置间的非线性关系,方程(3-4)可以通过展开截断的泰勒级数而进行。因此,在各观测点 k 事件 i 的走时残差 r 与对当前 4 个震源参数的扰动 m 呈线性关系:

$$\frac{\partial t_k^i}{\partial m} \Delta m^i = r_k^i \tag{3-5}$$

式中，$r_k^i = (t^{\mathrm{obs}} - t^{\mathrm{cal}})_k^i$，$t^{\mathrm{obs}}$ 为观测走时，t^{cal} 为理论走时，$\Delta m^i = (\Delta x^i, \Delta y^i, \Delta z^i, \Delta \tau^i)$。

方程(3-5)适用于目录到时数据。互相关方法得到的是事件之间的走时差，因此不能直接使用该方程。通过取一对事件的方程之差，可以求取事件 i 和 j 的相对震源参数方程：

$$\frac{\partial t_k^{ij}}{\partial m} \Delta m^{ij} = \mathrm{d} r_k^{ij} \tag{3-6}$$

式中，$\Delta m^{ij} = (\Delta \mathrm{d} x^i, \Delta \mathrm{d} y^i, \Delta \mathrm{d} z^i, \Delta \mathrm{d} \tau^i)$ 是两个事件的相对震源参数的变化，t 对 m 的偏导数是台站和震源之间射线路径的慢度矢量的分量。方程(3-6)中假设两个事件的慢度矢量是常量，震源实际上是两个震源的质心。方程(3-6)中的 $\mathrm{d} r_k^{ij}$ 是两个事件之间观测和计算走时的残差，用下面的公式表示：

$$\mathrm{d} r_k^{ij} = (t_k^i - t_k^i)^{\mathrm{obs}} - (t_k^i - t_k^i)^{\mathrm{cal}} \tag{3-7}$$

可以用方程(3-7)定义双差。方程(3-7)用于目录震相到时，此时观测量是绝对走时，也可以是互相关的相对走时差。

可以假设各事件有一个不变的慢度矢量来处理分布比较集中的事件，但这种假设不适用于相互远离的事件。在每一个事件的方程(3-5)中取合适的慢度矢量和发震时刻项再求取其差，可得到 i 和 j 两个事件的不同震源距都适用的方程(见图3-2)：

$$\frac{\partial t_k^i}{\partial m} \Delta m^i - \frac{\partial t_k^i}{\partial m} \Delta m^j = \mathrm{d} r_k^{ij} \tag{3-8}$$

事件 i 和 j 的走时分别对震源位置(x, y, z)发震时刻 τ 求偏导数，由当前的震源和记录第 k 个震相的台站位置求出。通过不断校正 $\Delta x, \Delta y, \Delta z, \Delta \tau$ 等震源参数，以提高模型的拟合数据效果。

在图 3-2 中，实验震源由实心圆和空心圆表示，并且震源通过互相关(实线)或地震目录(虚线)与相邻事件相关联。在图中展示出了两个事件 i 和 j 的初始位置(空心圆)，连接两个台站 k 和 l 的相应慢度矢量 S，以及从源到站的射线路径。粗箭头表示获得的事件 i 和 j 的重新定位向量，$\mathrm{d} t$ 表示在台站 k 和 l 记录的两个事件 i 和 j 的行进时间差[128]。

结合单个台站对所有地震建立的方程(3-8)，将所有的台站方程变形写成线形方程组，形式如下：

$$\boldsymbol{WGm} = \boldsymbol{Wd} \tag{3-9}$$

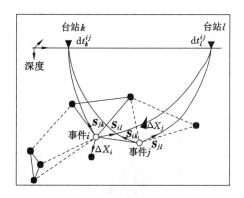

图 3-2 双差地震定位方法图解

为了在重新定位时将所有地震的平均位移约束为 0，使用 4 个方程展开公式(3-9)，所以对于每个坐标方向和发震时刻分别有：

$$\sum_{i=1}^{N} \Delta m_1 = 0 \tag{3-10}$$

用阻尼最小二乘法来求解方程，此时得到：

$$W \begin{bmatrix} G \\ \lambda I \end{bmatrix} m = W \begin{bmatrix} d \\ 0 \end{bmatrix} \tag{3-11}$$

式中，λ 为阻尼因子，I 为单位矩阵。由标准方程可以求取方程的解为：

$$\hat{m} = (G^T W^{-1} G)^{-1} G^T W^{-1} d \tag{3-12}$$

针对一些地震丛集数目不是很大，可用异值分解法求取方程的解：

$$\hat{m} = V \Lambda^{-1} U^T d \tag{3-13}$$

式中，U 和 V 分别为矩阵 G 的两个正交奇异矢量矩阵，G 的奇异值构成的对角线矩阵用 Λ 表示。

3.2 单纯性和双差联合定位法的建立及定位精度验证

义马煤业集团千秋煤矿为深部开采矿井，并且井田存在很大的水平构造应力。21 采区为该矿主要生产区域，该采区工作面多次发生冲击地压灾害，为实现对冲击地压和矿震活动的连续监测，千秋矿同样也安装了波兰的 ARAMIS M/E 微震监测系统，传感器布置如图 3-3 所示，传感器空间坐标详见表 3-1，其中有 1 个传感器在地表。

李楠[6]在 2014 年基于单纯形算法对千秋煤矿爆破事件进行了定位分析，

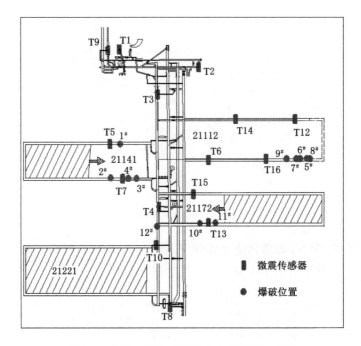

图 3-3　微震台网和爆破事件空间位置示意图

具体的分析过程如下所示。

现场实验方案:检查 ARAMIS 微震监测系统工作状态和各个传感器的位置,核对传感器空间坐标;在 21 采区不同位置进行爆破实验,并记录好每次人工爆破实验的空间坐标;利用微震监测系统监测爆破事件的震动波形,拾取各传感器的观测到时;采用微震触发波类型自动识别模型(APSIM)进行各种波的辨别,确定各传感器的触发波类型;根据触发波类型识别结果,采用不同的震源定位方法进行震源定位。根据 21 采区重点监测区域分布,分别在 21141 上下巷、21112 工作面、21172 下巷和轨道下山进行了 12 次爆破实验,爆破实验分布如图 3-3 所示。

表 3-1　微震传感器空间坐标

传感器	传感器坐标/m		
	X	Y	Z
T1	4 088.2	3 548.6	61.6
T2	4 661.4	3 370.0	66.4

表 3-1(续)

传感器	传感器坐标/m		
	X	Y	Z
T3	4 413.1	3 057.4	-2.2
T4	4 451.3	2 716.6	-87.5
T5	4 200.6	2 963.6	-47.5
T6	4 798.0	2 904.0	-52.4
T7	4 280.9	2 834.0	-83.9
T8	4 569.8	2 183.0	-199.3
T9	3 978.4	3 774.3	151.4
T10	4 501.0	2 442.5	-147.5
T11	3 994.6	4 562.1	329.8
T12	4 717.6	3 138.9	18.0
T13	4 717.6	2 528.8	-137.9
T14	4 970.4	3 086.4	-1.2
T15	4 580.0	2 696.8	-100.0
T16	5 181.3	2 942.3	-21.2

　　李楠[6]在对 12 次爆破事件中各传感器微震触发波类型识别的基础上,采用基于 APSIM 的单纯形震源定位方法（APSIM-Simplex）进行震源定位。表 3-2 是 12 次爆破事件的实际位置和根据触发波类型识别结果,剔除延迟波和外部异常波触发传感器,同时采用对应的 P、S 波到时和波速得到的震源定位结果,即采用 APSIM-Simplex 的震源定位结果。

表 3-2　基于 APSIM 的单纯形震源定位结果

爆破事件	爆破坐标/m			定位结果	定位结果/m			定位误差 /m	事件残差 /ms
	x	y	z		x	y	z		
1#	2 966.5	4 209.8	-49	L1	2 963.6	4 200.6	-47.5	9.7	8.1
				L2	2 970.4	4 202.3	-46.7	8.8	8.7
2#	2 835.0	4 145.0	-75.0	L1	2 842.4	4 132.5	-82.2	16.2	9.6
				L2	2 827.9	4 165.6	-90.6	26.8	4.9
3#	2 830.0	4 372.0	-73.9	L1	2 825.8	4 365.8	-78.2	8.9	11.9
				L2	2 811.8	4 385.9	-79.5	23.6	15.5

表 3-2(续)

爆破事件	爆破坐标/m			定位结果	定位结果/m			定位误差/m	事件残差/ms
	x	y	z		x	y	z		
4#	2 836.0	4 300.0	−75.0	L1	2 852.9	4 307.9	−77.7	18.9	9.6
				L2	2 836.9	4 306.4	−80.4	8.4	3.6
5#	2 978.0	5 486.0	−10.0	L1	2 975.4	5 492.5	−12.3	7.4	7.8
				L2	2 967.1	5 514.2	−34.3	38.8	16.8
6#	3 010.5	5 468.0	−8.0	L1	3 026.5	5 463.8	−11.7	16.9	14.8
				L2	3 038.3	5 472.7	−46.7	47.8	20.9
7#	3 009.5	5 464.6	−8	L1	3 016.90	5 442.80	−6.60	23.1	13.9
				L2	3 023.90	5 457.80	22.70	34.6	6.1
8#	2 978.8	5 486.5	−10	L1	2 976.3	5 497.2	−12.2	11.2	8.4
				L2	2 966.3	5 492.7	17.6	30.9	18.1
9#	2 955.0	5 376.0	−15.0	L1	2 973.4	5 367.6	−23.8	22.1	13.2
				L2	2 941.1	5 357.9	−22.9	24.1	12.9
10#	2 573.0	4 654.0	−125.0	L1	2 578.9	4 659.5	−135.9	13.6	12.9
				L2	2 563.2	4 667.5	−103.6	27.1	9.4
11#	2 575	4 827	−141	L1	2 566.8	4 812	−133.4	18.7	16.2
				L2	2 563.8	4 804.4	−130.4	27.3	6.9
12#	2 512	4 490	−143	L1	2 506.4	4 484.8	−135.3	10.8	4.2
				L2	2 503.6	4 501.1	−157.3	19.9	8.1

从表 3-2 可知,采用单纯形震源定位方法提高了定位的精度。L1 范数统计给出的震源定位结果并没有出现较大波动,定位误差控制在了 25 m 以内,表明它受微震台网和震源相对空间位置的影响较小,保证了震源定位的稳定性[2]。

在李楠[6]通过 APSIM 单纯形法对千秋煤矿 12 次爆破事件定位的基础之上,本文通过双差法对震源位置进一步定位,定位结果如表 3-3 所示。

从表 3-3 可以看出,在 APSIM 单纯形法对千秋煤矿 12 次爆破事件定位的基础之上,进一步基于双差法对这 12 次爆破事件再次定位,震源定位精度又得到了提高。基于单纯形和双差联合定位法的震源定位结果稳定,定位误差控制在了 20 m 以内,表明联合定位方法有效地提高定位的精度,而且该方法可以减少地壳速度结构不精确导致的误差,保证了震源定位的稳定性。

表 3-3　在 APSIM 的单纯形震源定位结果基础上进一步基于双差定位的联合定位结果

爆破事件	爆破坐标/m			定位结果/m			定位误差/m	事件残差/ms
	x	y	z	x	y	z		
1#	2 966.5	4 209.8	−49	2 962.2	4 206.5	−47.9	5.53	5.47
2#	2 835.0	4 145.0	−75.0	2 839.8	4 138.5	−80.2	9.61	5.69
3#	2 830.0	4 372.0	−73.9	2 835.1	4 377.3	−76.2	7.71	10.31
4#	2 836.0	4 300.0	−75.0	2 837.1	4 303.5	−76.6	4.00	1.71
5#	2 978.0	5 486.0	−10.0	2 980.2	5 489.7	−11.8	4.67	4.92
6#	3 010.5	5 468.0	−8.0	3 015.8	5471.2	−10.5	6.68	5.85
7#	3 009.5	5 464.6	−8	3 014.9	5 456.7	−9.1	9.63	5.80
8#	2 978.8	5 486.5	−10	2 980.0	5 491.5	−12.0	5.52	4.14
9#	2 955.0	5 376.0	−15.0	2 948.7	5 368.2	−19.3	10.91	6.52
10#	2 573.0	4 654.0	−125.0	2 569.8	4 658.4	−118.5	8.48	8.04
11#	2 575	4 827	−141	2 569.5	4 818.3	−137.9	10.75	9.31
12#	2 512	4 490	−143	2 516.0	4 485.1	−150.2	9.58	3.90

3.3　基于联合定位法的煤矿微震震源定位校正

3.3.1　老虎台煤矿矿井概况微震监测系统

（1）老虎台煤矿矿井概况

老虎台矿井田位于抚顺煤田中部，西以矿区坐标 E 3 450 m 为界，东以矿区坐标 E 8 400 m 为界，南至煤层露头，北到 F_1、F_{18} 断层。东西走向长 4.8 km，南北宽 2.0 km，开采煤层呈带状不对称向斜赋存，近东西走向延伸，地理坐标为东经 $123°54'42''\sim123°58'17''$，北纬 $41°51'07''\sim41°52'10''$。

老虎台煤矿井田地质构造如图 3-4 所示。其中，1 层主要由砂质黏土组成；2 层主要由棕色页岩组成；3 层主要由绿色泥岩组成；4 层主要由油页岩和泥岩组成；5 层为厚层复合煤层，由 2～38 层自然分层组成；6 层主要由绿色泥岩组成；7 层主要由玄武岩和凝灰岩组成；8 层主要由橄榄玄武岩组成；9 层主要由玄武岩组成；10 层主要由页岩组成。标示的每个层的厚度是平均值。矿井地面标高为 130 m。

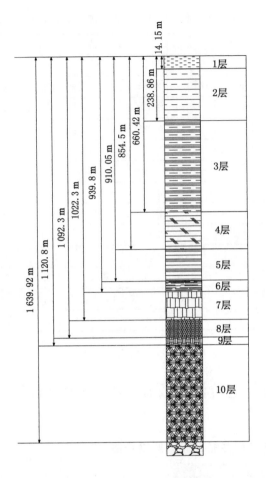

图 3-4 老虎台煤矿井田地质构造

抚顺煤田开采煤层厚度 0.6~110.5 m，平均 58 m，是含有多层夹矸的复合煤层。抚顺煤田的地质构造从总体看为向斜构造，老虎台煤矿井田内共发育 14 条大中型断裂构造，其具体情况见表 3-4。

表 3-4 矿区内断层统计表

断层编号	位置	产状			性质	落差/m
		走向	倾向	倾角/(°)		
F$_1$	北翼	N70°E	NW	60~28	逆	>1 200
F$_6$	西翼边界	N7°W	SW	30~40	平移正	50~150

表 3-4(续)

断层编号	位置	产状			性质	落差/m
		走向	倾向	倾角/(°)		
F_7	东翼边界	N10°W	SW	35～51	正	10～110
F_{7-1}	东翼	N20°～60°W	SW	40～51	平移正	50
F_{16}	东翼北部	N30°～80°W	NW～NE	40～72	正	>450
F_{16-1}	中央	N75°～35°E	NE～NW	82	正	17～55
F_{18}	东翼北部	N80°E	NW	40～83	逆	30～700
F_{18-1}	东翼北部	N90E	N	76	逆	不详
F_{25}	西翼	N80°～90°E	N～NW	61～68	正	20～100
F_{26}	西翼	N60°～75°E	NW	72～83	正	30～120
F_{26-1}	西部	N60°E	NW	85～88	正	50
F_{30}	西翼西北部	S30°W	NW	77	正	30
F_{31}	西翼西北部	N10°～60°E	NW	68	正	90～140
F_0	东翼北部	N20°W	SW	47°	正	不详

（2）老虎台煤矿微震监测系统

根据统计,老虎台煤矿破坏性冲击地压共破坏了超过 2 000 m 的巷道,平均顶底板移近为 1.2 m,两帮移近为 0.8 m,摧毁了 500 m 以上的巷道,其中大部分顶底板闭合,需要停产大修,同时严重地损坏了相关设备。由于煤岩层的活动与断裂影响范围大,宜采用大范围冲击地压监测系统,因此引进波兰的 ARAMIS M/E 微震监测系统。

ARAMIS M/E 微震监测系统集成数字信号传输系统(DTSS)传输系统,实现了矿山震动定位、震动能量计算及震动的危险评价。系统可以监测震动能力大于 100 J、频率范围在 0～150 Hz 及噪声低于 100 dB 的震动事件。系统通过 24 位 $\sigma\delta$ 转换器提供震动信号的转换和记录,基于记录服务器完成连续、实时的震动监测。ARAMIS M/E 微震系统结构如图 3-5 所示。

根据波兰厂家所提供的方案,结合老虎台煤矿实际地质及巷道情况,井下布置的 16 个测站的详细位置见表 3-5,确定监测区域的拾震器布置位置方案如图 3-6 所示。

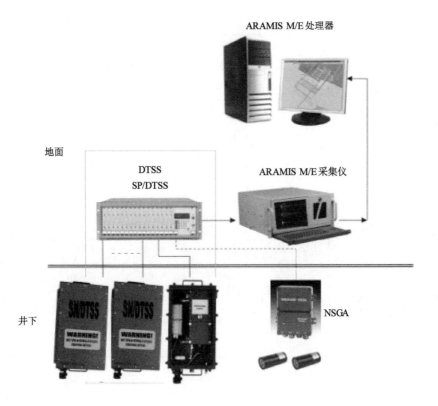

图 3-5　ARAMIS M/E 微震监测系统结构示意图

表 3-5　老虎台煤矿微震监测系统拾振器位置

测　站	位　　置
1# 测站	−830 m 水平西翼运输巷 1 550 m 处
2# 测站	−830 m 水平西翼运输巷 1 050 m 处
3# 测站	−830 m 水平西翼 250 m 岔路口处
4# 测站	−680 m 水平东翼流水巷端头 2 000 m 处
5# 测站	−680 m 水平西翼运输巷中部 620 m 处
6# 测站	−680 m 水平西翼运输巷中部 620 m 处
7# 测站	−680 m 水平西翼运输巷端头 870 m 处
8# 测站	−580 m 水平西翼运输巷端头 1 200 m 处
9# 测站	−580 m 水平东翼流水巷 500 m 处
10# 测站	−580 m 水平东翼流水巷 2 350 m 处

表 3-5(续)

测　站	位　置
11# 测站	−580 m 水平东翼流水巷 2 750 m 处
12# 测站	−580 m 水平东翼流水巷 3 450 m 处
13# 测站	−430 m 水平西翼流水巷 1 650 m 处
14# 测站	−430 m 水平西翼流水巷 800 m 处
15# 测站	−430 m 水平东翼运输巷 650 m 处
16# 测站	−430 m 水平东翼运输巷 1 250 m 处

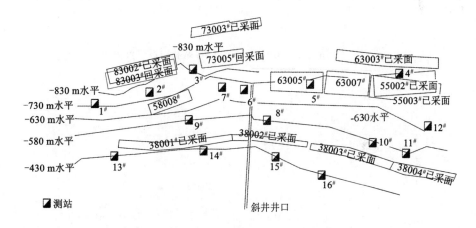

图 3-6　老虎台煤矿微震监测系统拾振器布置图

3.3.2　基于双差定位的老虎台煤矿微震事件重定位和震源参数校正

由于 2012 年 5 月老虎台煤矿微震事件次数较多,微震能量范围较广,因此选取了该月微震事件作为分析对象。2012 年 5 月老虎台煤矿布置了 16 个台站,监测到 103 次微震事件,台站和微震事件分布如图 3-7 所示。

基于单纯形和双差联合定位法,对老虎台煤矿 2012 年 5 月 103 次微震事件进行重定位,经过重新定位后的震源位置如图 3-8 所示。由图可见,经过重新定位,均方根残差明显下降,由 1.35 s 降到 0.62 s,震源精度明显提高,为震源参数的精确求取打下了基础。

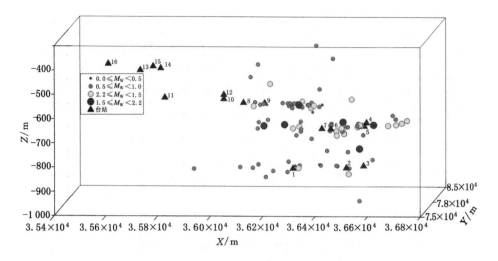

图 3-7 老虎台煤矿 2012 年 5 月的台站和微震事件分布

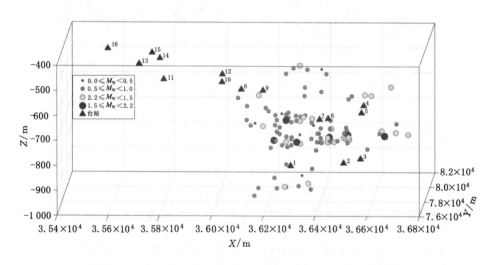

图 3-8 老虎台煤矿 103 次微震事件重定位后的震源位置结果

3.4 本章小结

（1）联合定位法给出的爆破事件震源定位误差控制在 20 m 以内,事件残差控制在 15 ms 以内,结果并没有出现较大波动,验证了联合定位法的精度和稳定性。

（2）经过联合定位法重新定位校正的老虎台煤矿微震事件的均方根残差由1.35 s降到0.62 s,震源精度明显提高,说明该方法有效地减少了地壳速度结构模型不精确导致的误差,保证了震源定位的精度,为震源参数的精确求取提供了基础。

4 小尺度破裂震源参数分析

4.1 震源参数分析相关理论

4.1.1 波形的处理

4.1.1.1 滤波

滤波是最常见的信号处理操作,滤波器具有在特定频率范围内去除部分信号的作用,通常使用的滤波器有 3 种:

① 频率 f_1 的高通滤波器(或低截止):去除频率 f_1 以下的信号。

② 频率 f_2 的低通滤波器(或高截止):去除频率 f_2 以上的信号。

③ 频率 f_1 至 f_2 的带通滤波器:去除 f_2 以上 f_1 以下的信号。

频率 f_1 和 f_2 被称为滤波器的拐角频率,图 4-1 为滤波器作用原理示意图。

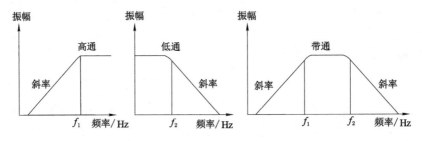

图 4-1 滤波器作用原理示意图

在对数域中,滤波器通常用直线段表示。输出幅度与输入幅度的比值-增益,通常用分贝(dB)来定义:

$$G = O/I \tag{4-1}$$

式中，G 为增益，O 为输出幅度，I 为输入幅度。

巴特沃斯(Butterworth)滤波器是在实际分析中最常用的，因为它具有优良的特性：在通带中没有振铃，并且对于任何阶的滤波器，拐角频率保持恒定。低通巴特沃斯滤波器的振幅响应为：

$$B(\omega) = \frac{1}{\sqrt{1 + (\omega/\omega_0)^{2n}}} \tag{4-2}$$

从方程可以看出，该滤波器具有非常平滑的响应。

4.1.1.2　频谱分析与仪器校正

傅立叶变换允许在时域和频域之间移动信号，因此可以选择其中一种变换来对数据进行特定操作[190]。地震信号 x 可以用时间 t 的函数 $x(t)$ 来定义，然后给出傅立叶谱 $X(\omega)$：

$$X(\omega) = \int_{-\infty}^{\infty} x(t) \mathrm{e}^{-i\omega t} \, \mathrm{d}t \tag{4-3}$$

式中，$\omega = 2\pi f$。频谱振幅的单位是振幅乘以秒或振幅/赫兹，因此它被称为振幅密度谱。同样地，可以定义功率密度谱 $P(\omega)$：

$$P(\omega) = |X(\omega)|^2 \tag{4-4}$$

在地震学中，功率谱主要用于分析噪声。相应的逆傅立叶变换为：

$$x(t) = \frac{1}{2\pi} \int_{-\infty}^{\infty} X(\omega) \mathrm{e}^{i\omega t} \, \mathrm{d}\omega \tag{4-5}$$

频谱分为振幅和相位谱：

$$A(\omega) = \sqrt{Re\left[X(\omega)\right]^2 + \mathrm{Im}\left[X(\omega)\right]^2} \tag{4-6}$$

$$\Phi(\omega) = \tan^{-1}\left(\frac{\mathrm{Im}[X(\omega)]}{Re[X(\omega)]}\right) \tag{4-7}$$

式中，$A(\omega)$ 是振幅谱，$\Phi(\omega)$ 是相位谱。

如果 $x(t)$ 是地震仪记录的信号，则 $X(\omega)$ 不是真正的地震谱，要获得真正的地震谱 $Y(\omega)$，$X(\omega)$ 必须除以复杂的仪器响应 $T(\omega)$，然后可以得到真实的地震谱为 $X(\omega)/T(\omega)$，利用式(4-6)和式(4-7)得到振幅和相位谱。为了获得在时域中的真实地震信号，使用逆傅立叶变换和相应的仪器校正信号为：

$$y(t) = \frac{1}{2\pi} \int_{-\infty}^{\infty} X(\omega)/T(\omega) \cdot \mathrm{e}^{i\omega t} \, \mathrm{d}\omega \tag{4-8}$$

在震级测定中，振幅不是在真正的地震运动轨迹上读取的，而是在一些标

准仪器响应 $I(\omega)$ 的轨迹上，然后模拟地震记录 $x_s(t)$ 为：

$$x_s(t) = \frac{1}{2\pi} \int_{-\infty}^{\infty} \left[X(\omega)/T(\omega) \right] I(\omega) \cdot \mathrm{e}^{i\omega t} \mathrm{d}\omega \tag{4-9}$$

在对仪器的影响进行校正时，必须同时使用频谱的幅度分量和相位分量。在一个域中信号上的算子在另一个域中具有等价算子，频域中的乘法对应于时域中的卷积，信号 $x(t)$ 和 $y(t)$ 在时域中的卷积 $c(t)$ 定义为：

$$c(t) = x(t) * y(t) = \int_{-\infty}^{\infty} x(\tau)y(t-\tau)\mathrm{d}\tau \tag{4-10}$$

式中，$*$ 表示卷积算子。该仪器对地面信号的修正需要频谱分析，也可以通过时域卷积直接在时域中完成。由地震仪记录的信号 $x(t)$ 可以被描述为地面运动 $y(t)$ 和仪器响应 $i(t)$ 的卷积结果：

$$x(t) = y(t) * i(t) = \int_{-\infty}^{\infty} y(\tau)i(t-\tau)\mathrm{d}\tau \tag{4-11}$$

仪器在时域中的反应是仪器在时域对脉冲的响应，可以通过记录仪器的脉冲信号来获得 $i(t)$（图 4-2）。

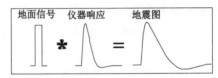

图 4-2　输入信号与仪器脉冲响应的卷积得出的地震图

通常需要通过地震图得到地面信号，所以 $i(t)$, $i^{-1}(t)$ 的逆构造为：

$$y(t) = x(t) * i^{-1}(t) \tag{4-12}$$

这被称为去卷积，可以看到时域中的去卷积对应于频域中的除法。时域中的卷积对应于频域中的乘法，并且式(4-10)变为：

$$C(\omega) = X(\omega) \cdot Y(\omega) \tag{4-13}$$

仪器的校正大多是在频域中进行的。虽然，现实中没有无限的连续信号，但有一个由 N 个离散值 x_k 组成的时间序列，连续傅立叶变换可以用离散傅立叶变换代替：

$$X_n = \Delta t \sum_{k=0}^{N-1} x(k\Delta t)\mathrm{e}^{-i\omega_n k \Delta t} = \Delta t \sum_{k=0}^{N-1} x_k \mathrm{e}^{-i2\pi nk/N} \tag{4-14}$$

式中，Δt 为样本区间，$x_k = x(k\Delta t)$，$\omega_n = 2\pi n/T (f_n = n/T)$。采样频率 $f = 0$, $1/T, 2/T, \cdots$。现在根据采样频率和窗口长度在有限数量的频率给出振幅，第

一频率在 $f=0$ 处，$X_0=T\cdot\mathrm{average}(x)$。下一个频率是 $1/T$、$2/T$、$3/T$ 等，因此在比时间窗长度更长的时间段内没有可用的频谱信息。

逆离散傅立叶变换可以类似于式(4-14)被表示为：

$$x_k = \frac{1}{T}\sum_{n=0}^{N-1}X_n\mathrm{e}^{i2\pi nk/N} \tag{4-15}$$

由于信号通常是锥形的，因此需要将信号乘以一个函数，以便在信号的每一端将信号水平降低到零。最常用的锥形函数之一是余弦锥形，其中信号的某一部分（通常在每端 5%）与余弦函数 w 相乘为：

$$w_k = \frac{1}{2}\left(1-\cos\frac{k\pi}{M+1}\right) \tag{4-16}$$

式中，$k=0\sim M+1$，M（对于 10% 锥度）为样本总数的 5%。这个函数将使信号的第一部分变细，并用一个类似的函数作为结束。可以看出，当 $k=M+1$ 时，$w_k=1$。

4.1.1.3　波形的衰减

由非弹性衰减和散射引起的振幅衰减可以通过品质衰减因子 Q 来描述：

$$A(f,t) = A_0\,\mathrm{e}^{\frac{-\pi ft}{Q(f)}} \tag{4-17}$$

式中，A_0 为初始振幅，$A(t)$ 为波经过时间 t 之后的振幅，f 为频率，$Q(f)$ 为依赖于 f 的衰减因子。式(4-17)可以进一步被写为：

$$A(f,t) = A_0\,\mathrm{e}^{\frac{-\pi fr}{Q(f)v}} \tag{4-18}$$

式中，r 是震源距离，v 是沿路径的平均速度。对于较长的路径，平均速度可能随震源距离而变化，因此使用走时更正确。走时通常是根据给定位置和原始时间得出的一个精确的已知参数。

Q 在岩石圈中有较强的区域变化，在岩石圈中 Q 最常观察到具有频率依赖性的形式为：

$$Q(f) = Q_0 f^a \tag{4-19}$$

当 $f<1\ \mathrm{Hz}$ 时，Q 值有不同分析结果。其中一些研究指出，Q 在 $f<0.1\sim 1\ \mathrm{Hz}$ 时不断增加，但是占主导地位的观点是，当 $f<0.1\sim 1\ \mathrm{Hz}$ 时，Q 是常数[191]。由 Q 引起的振幅衰减是由两种机制引起的：由于热损失引起的本征 Q 和散射引起的能量再分配，岩石圈中 P 波和 S 波的 Q 值通常是不同的，观测结果如图 4-3 所示。

图 4-3 中，1~2 为表面波分析结果，3~26 为其他方法分析结果[192]。从图 4-3 可以看出，Q_S 比 Q_P 有更多的分析结果。岩石圈 Q 的研究表明 Q_P 小于 Q_S，

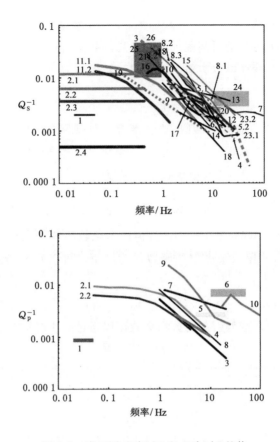

图 4-3 岩石圈 Q_S^{-1}（左）和 Q_P^{-1}（右）的值

近似 $Q_S/Q_P = 1.5$。除了低频表面波分析之外，所有研究都表明 Q 随频率增加而增加，并且散射 Q 的频率依赖性强于本征 Q 的频率依赖性[192]。虽然 Q 是本征和散射衰减的结果，但在实际分析中，不需要将两者分开进行分析。

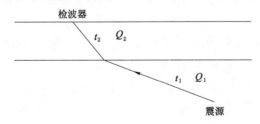

图 4-4 经过两层不同 Q 介质的射线

如果 Q 沿路径是恒定的，可以直接利用公式（4-17）。如果 Q 沿路径变化，则必须基于第 2 章的分析，考虑路径上不同区域的影响。对于两层情况（图 4-4），得到：

$$A(f,t) = A_0\, \mathrm{e}^{\frac{-\pi f t_1}{Q_1(f)}}\, \mathrm{e}^{\frac{-\pi f t_2}{Q_2(f)}}\, A_0\, \mathrm{e}^{-\pi f\left(\frac{t_1}{Q_1(f)}+\frac{t_2}{Q_2(f)}\right)} \tag{4-20}$$

对于连续变化的 Q，可以写为：

$$A(f,t) = A_0\, \mathrm{e}^{-\pi f \int\limits_{\mathrm{path}} \frac{\mathrm{d}t}{Q(r,f)}} = A_0\, \mathrm{e}^{-\pi f t^{*}} \tag{4-21}$$

式中，t^{*} 定义为：

$$t^{*} = \int\limits_{\mathrm{path}} \frac{\mathrm{d}t}{Q(r,f)} = \frac{T}{Q_{\mathrm{av}}(f)} \tag{4-22}$$

式中，积分沿着整个路径，T 是沿着路径的总走时，Q_{av} 是沿路径的平均 Q。近表面品质衰减因子 Q 几乎独立于频率，并且局限于非常接近的表面层。通常，符号 t^{*} 用于远震射线路径，因此为了避免混淆，将使用 $k = t^{*}$ 代替近地表衰减。由于 $t_1 \gg t_2$，将用 t 代替 t_1，用 Q 代替 Q_1，振幅衰减的一般表达式如下：

$$A(f,t) = A_0\, \mathrm{e}^{-\pi f k}\, \mathrm{e}^{\frac{\pi f t}{Q(f)}} \tag{4-23}$$

衰减的一般表达式（4-23）如图 4-5 所示。近表面衰减不是唯一的现象，它可以影响在给定地点的振幅，经常观察到场地放大现象。由于局部土壤结构和地形效应，在某些频率处振幅增强，这种影响在岩石场地上很难观察到，而在沉积场地上是常见的，并且在水平分量上最为明显，这种效应很难区别于单个频率下的 k 效应。

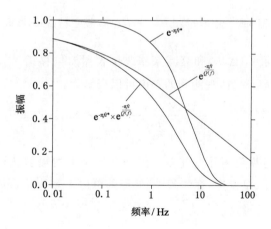

图 4-5　衰减的一般表达曲线

4.1.2 震源模型

最常用的震源模型是 Brune 模型[87]。该模型已被广泛使用，并且它与来自不同构造区域和不同震级范围地震震源的观测结果吻合地很好[193]。Brune 模型预测以下震源位移谱 $S(f)$：

$$S(f) = \frac{M_0}{\left[1 + \left(\dfrac{f}{f_0}\right)^2\right] 4\pi\rho v^3} \tag{4-24}$$

式中，M_0 是地震矩，N·m；ρ 是密度，kg/m³；v 是震源处的速度，m/s，P 或 S 波速度取决于频谱；f_0 是拐角频率，Hz。这个表达式不包括震源辐射花样的影响。

双对数谱的形状见图 4-6。在低频时，频谱是平坦的，其水平与 M_0 成正比；在高频时，频谱水平按 −2 的斜率线性衰减，在拐角频率 $f = f_0$ 时，频谱振幅是拐角频谱振幅的一半。

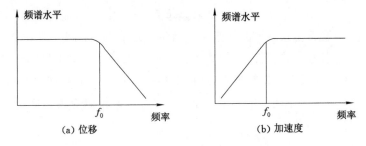

图 4-6　震源位移谱（左）和震源加速度谱（右）的形状

通过几何扩展 $G(\Delta, h)$ 和衰减来修改接收器的位移谱[197]。在震源距离 Δ（m）和震源深度 h（m）处，观测到的频谱可以表示为：

$$D(f, t) = \frac{M_0 \times 0.6 \times 2.0}{\left[1 + \left(\dfrac{f}{f_0}\right)^2\right] 4\pi\rho v^3} G(\Delta, h) e^{-\pi f k} e^{\frac{-\pi f t}{Q(f)}} \tag{4-25}$$

式中，t 是走时（震源距离除以速度）；因子 0.6 是平均辐射花样效应；因子 2.0 是自由表面效应；ρ 是密度，在实践中，使用的单位大多是 g/cm³。

通过衰减校正的频谱称为 D_c，可以用来获得拐角频率 f_0 和拐角频谱 Ω_0（ms）：

$$D_c(f) = \frac{\Omega_0}{1 + \left(\dfrac{f}{f_0}\right)^2} = \frac{M_0 \times 0.6 \times 2.0}{4\pi\rho v^3 \left[1 + \left(\dfrac{f}{f_0}\right)^2\right]} G(\Delta, h) \tag{4-26}$$

然后可以计算地震矩为:

$$M_0 = \frac{\Omega_0 4\pi\rho v^3}{0.6 \times 2.0 \times G(\Delta, h)} \tag{4-27}$$

当频谱水平单位用 nm,密度单位用 g/cm³,速度单位用 km/s,距离单位用 km 时,需要乘以 10^6 来获得单位为 N·m 的地震矩。

在简单的 $1/r$(r 单位为 m)体波扩展的情况下,式(4-27)将变为:

$$M_0 = \frac{\Omega_0 4\pi\rho v^3 r}{0.6 \times 2.0} \tag{4-28}$$

通常,辐射花样效应的平均值在 0.55~0.85。根据 Aki 和 Richards 的分析[28],P 波和 S 波的辐射花样效应的平均值分别为 0.52 和 0.63。

对于圆形断层,震源半径 R 计算为:

$$R = kv/f_0 \tag{4-29}$$

式中,v 为速度,单位为 m/s 或 km/s;R 为半径,单位为 m 或 km;k 为因子,根据震源谱的类型不同确定不同值。Brune[87]分别给出了 S 波和 P 波的 k 值 0.37 和 0.50,而 Madariaga[194]发现 S 波的 k 值为 0.22,P 波的 k 值为 0.33。一些研究[195]和理论预测[194]进一步发现,P 波和 S 波频谱具有不同的拐角频率。Hanks 和 Wyss[196]认为 P 波和 S 波 k 值之间的关系为 v_P/v_S,这与 P 波拐角频率和 S 波拐角频率之间的 v_P/v_S 比相同,基于以上 Brune 和 Madariaga 得出的 k 值,比率分别为 1.35 和 1.50。为了简化(4-29),将假定 k 值为 v_P/v_S,使用最常用的 Brune 模型(对于 P 波,$k_p = 0.50$),则式(4-29)变成:

$$R = 0.50v/f_0 \tag{4-30}$$

式中,v 是 P 波的速度。

在 bar(1 bar $= 10^6$ dyne/cm²)尺度下的静态应力降(跨越断层面积的平均值)为:

$$\Delta\sigma = \frac{7}{16}M_0 \frac{1}{R^3} \times 10^{-14} \tag{4-31}$$

理想情况下,应该用公制单位,在单位 MPa(10^6 N/m²)下测量应力降,其中 1 MPa 等于 10 bar。然而,在实际应用中,一般速度使用单位 km/s、密度使用单位 g/cm³,位移使用单位 nm。

下面计算地震能量 E[89],计算公式如下:

$$E = \frac{4\pi\rho v r^2 \langle F \rangle^2 \int u^2 \, \mathrm{d}t}{F^2} \tag{4-32}$$

式中,ρ 是密度,v 是速度,r 是质心距离,$\langle F \rangle$ 是平均辐射花样项(P、SH 和 SV 波分别为 0.52、0.41 和 0.48),F 是辐射花样校正项[27]。

根据计算的地震矩 M_0 和地震能量 E,可以计算视应力 σ_a[87]。公式如下:

$$\sigma_a = \mu \frac{E}{M_0} \tag{4-33}$$

式中,μ 为剪切模量,值为 3.3×10^4 MPa;E 为地震能量;M_0 为地震矩。

4.1.3 局部和区域距离震源参数分析

局部距离处的频谱分析可以用于确定地震矩和矩震级大小,因此具有重要作用。频谱必须按照上述的几何扩展和衰减校正。

衰减校正对于获得正确的拐角频率尤为重要。衰减对频谱有两个影响:影响确定拐角频率的形状,影响地震矩的水平。由于高频率,对于小地震来说衰减是特别重要的,可以用"衰减谱"来说明衰减对震源谱的影响(见图 4-7)。

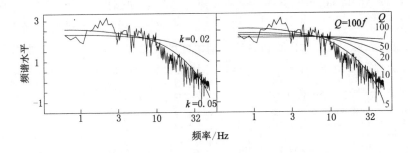

图 4-7　局部震级 $M_L = 3.4$ 的震源位移谱

图 4-7 中,平滑曲线是对观测到的频谱形状的拟合,它是不同 k 值(左)和 Q 值(右)的函数。除了 $Q = 100f$ 的顶线外,Q 值是常数。可见,近表面衰减会严重影响频谱,如果不进行校正,则很难获得正确的拐角频率。Q 对频谱形状的影响不严重,在这个例子中,频谱只在 Q 低于 50 时受到严重影响。然而,较小事件或较大距离的事件仍会受到 Q 的影响。如果拐角频率很高,并且 $Q(f)$ 的影响不支配频谱,则近表面衰减将支配频谱衰减,并且不能看到真实的拐角频率,只有由近表面衰减产生明显的拐角。如果将拐角频率 f_k 定义为频谱水平已经达到拐角频谱的 50% 时的频率,由于近表面衰减的影响,那么 f_k 可以计算为:

$$\mathrm{e}^{-\pi k f_k} = 0.5 \tag{4-34}$$

式中,$f_k = 0.221/k$。当 $k=0.025$,$f_k=9$ Hz 时,如果不对 k 进行校正,就不可能获得小地震($M_L < 3.0$)的真实拐角频率。如果频谱高频部分的信噪比低,由于低幅度、远距离的影响,可能无法校正 k。因此,为了获得可靠的小震震源的拐角频率,k 是一个关键的参数。用 Q 可以得到类似的效果,但是因为 Q 通常与频率有关,所以效果不会那么显著,而更像是频谱的扁平化。可以将 f_Q 定义为 f_k 并得到:

$$\mathrm{e}^{-\pi \frac{f_Q t}{Q_0 f_Q}} = \mathrm{e}^{-\pi \frac{f_Q^{1-\alpha} t}{Q_0}} = 0.5 \tag{4-35}$$

式中,$f_Q = \left(\dfrac{0.221 Q_0}{t} \right)^{\frac{1}{1-\alpha}}$。当 $t=25$ s 时,根据 $Q=440 f^{0.7}$ 可以得出 $f_Q=93$ Hz。在这种情况下,Q 校正对于 f_0 的测定并不重要。对于一次小局部地震,当走时为 2 s 时,根据 $Q=59 f^{0.4}$,可以得出 $f_Q=23$ Hz,在这种情况下,Q 校正是获得正确的拐角频率的关键。k 对频谱水平的影响可以忽略不计,但是对于 Q,频谱水平变化也取决于走时。如果使用 $Q=440 f^{0.7}$ 的例子,那么在 100 s 的走时和 1 Hz 的频率下,得到频谱水平已经降低了 49%。因此,即使在低衰减区域,Q 校正对获得正确的地震矩 M_0 也是非常重要的。

4.1.4　局部震级 M_L 以及矩震级 M_W 的相关理论和计算方法

震级的计算是任何地震分析基本而又重要的任务,不同的震级尺度适用于不同的距离和震级大小。对于较远距离的全球地震,震级尺度已经确定了国际上公认的参数,而在局部和区域距离上,由于局部衰减和几何分布的差异,震级尺度的参数将具有区域差异。震级 M 最常见定义是:

$$M = \lg (A/T)_{max} + Q(\Delta, h) \tag{4-36}$$

式中,A 是地面位移的振幅,T 为周期,Q 是震中距离 Δ 和震中深度 h 的距离校正函数。由于测量的最大 A/T 与速度成比例,所以幅度是能量的度量。理想情况下,只应该有一种形式的式(4-36),然而,实践中需要测量特定仪器上的 A/T,该比例可导致在对应不同仪器不同频段上的不同形式的式(4-36)。这也意味着,测量的是最大的 A 而不是最大的 A/T。当分析在很宽的周期范围内与地面运动速度 V 成比例的未滤波的宽带记录时,这个问题基本上可以被避免,可以直接测量 $(A/T)_{max} = V_{max}/2\pi$[199]。震级的范围为从小于 0 的非常小的地震到震级在 9 以上的大地震。

4.1.4.1 振幅和周期测定

几种震级尺度使用最大振幅和它对应的周期。有两种测量方法(图 4-8)：其中(a)所示的从基线读取振幅并且从两个峰值读取周期不容易实现；(b)所示的读取相邻波谷振幅的最大峰值并除以 2 是最常见的做法[200]，该周期可以从两个峰值或从两个极端的周期的一半读取。

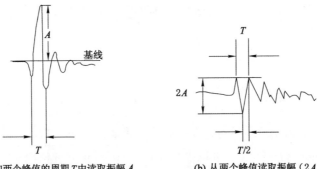

(a) 从基线和两个峰值的周期T中读取振幅A　　　　**(b) 从两个峰值读取振幅（2A）**

图 4-8　振幅读取方法

4.1.4.2 局部震级 M_L

第一种震级是由 Richter[201] 为南加州定义的。其他所有震级尺度都与这个尺度有关。局部震级 M_L 定义为：

$$M_L = \lg A + Q_d(\Delta) \tag{4-37}$$

式中，A 是伍德-安德森地震图上的最大振幅(它测量 $f > 2$ Hz 的位移)；$Q_d(\Delta)$ 是距离校正函数，Δ 是震距源。加州最初定义的距离校正函数如表 4-1 所示。

表 4-1 中距离以 km 为单位，校正值假设振幅是在伍德-安德森水平地震仪上以 mm 为单位测量的。

为了与伍德-安德森地震仪以外的其他仪器一起使用 M_L，通常做法是在 $2\sim20$ Hz 的频带内产生位移轨迹并测量最大振幅，最准确的是使用伍德安德森地震仪的精确响应。水平分量应该用来测量振幅，但实践中经常使用垂直分量。研究表明，在岩石场上，尽管垂直和水平分量上的最大振幅可能存在小的差异，但整体上是相似的；在土壤上，由于土层放大效应，水平振幅明显高于垂直振幅。因此，使用垂直分量代替水平分量将给出位于不同地面条件下的台站间更一致的 M_L 估计。当使用水平分量时，可以使用台站校正来补偿现场条件。

表 4-1　根据 Richter 得出的震级 M_L 的距离校正项 $Q_d(\Delta)$

Δ	Q_d	Δ	Q_d	Δ	Q_d	Δ	Q_d
0	1.4	90	3.0	260	3.8	440	4.6
10	1.5	100	3.0	280	3.9	460	4.6
20	1.7	120	3.1	300	4.0	480	4.7
30	2.1	140	3.2	320	4.1	500	4.7
40	2.4	160	3.3	340	4.2	520	4.8
50	2.6	180	3.4	360	4.3	540	4.8
60	2.8	200	3.5	380	4.4	560	4.9
70	2.8	220	3.6	400	4.5	580	4.9
80	2.9	240	3.7	420	4.5	600	4.9

加州最初定义的 M_L 标度是针对浅层地震的,距离校正使用震中距离。由于最大振幅通常出现在 S 波(而不是面波)中,这仅仅是用震源距离代替震中距离的情况,所以不必将 M_L 尺度限制为浅层地震[200]。对于局部地震,S 波振幅 A 与震中距离 r 的函数关系可以表示为:

$$A(r) = A_0 r^{-\beta} e^{\frac{-\pi fr}{vQ}} \tag{4-38}$$

式中,A_0 是在距离为 1 处的初始振幅;β 是几何扩展(体波为 1,表面波为 0.5);f 是频率;v 是 S 波速度;Q 是品质衰减因子,与滞弹性衰减成反比。取对数给出:

$$\lg A(r) = -\beta \lg r - 0.43 \frac{\pi fr}{vQ} + \lg A_0 \tag{4-39}$$

因此,可以看到距离衰减项是:

$$Q_d(\Delta) = -\beta \lg r - 2.3 \frac{\pi fr}{vQ} \tag{4-40}$$

假设一个常数 f,M_L 刻度可以被写成

$$M_L = \lg A + a \lg r + br + c \tag{4-41}$$

式中,a、b 和 c 分别是表示几何扩展、衰减和基准水平的常数。调整参数 c 来将比例固定到原始定义,但由于参数 a、b 和 c 具有区域差异,应根据当地具体的条件进行针对调整。

南加州的 M_L 尺度后来被改进,因为它证明距离更正项在更短的距离上是不正确的。IASPEI[200]建议修改后的比例标准为:

$$M_L = \lg A + 1.11 \lg r + 0.001\,89 r - 2.09 \tag{4-42}$$

最大振幅 A 是在经过伍德-安德森响应滤波处理的地面运动轨迹(nm)上测量的,因此,对于频率<2 Hz,A 将小于真实地面运动。式(4-42)是 IASPEI[200] 对于与加州具有相似衰减的区域(使用水平分量)的 M_L 计算建议。对于其他区域,可以采用与式(4-42)形式相同的方程,使用垂直分量或水平分量,并根据局部条件调整系数。

Havskov 和 Ottemoller[29] 研究了世界各地不同地区的 M_L。M_L 标度以许多不同的方式呈现,有时根据真正的地面运动,但通常是在伍德-安德森地震图上以振幅表示。为了使用 M_L,必须对模拟伍德-安德森响应的轨迹读取最大振幅,该响应可以通过使用 2.0 Hz 的 2 阶低通巴特沃斯(Butterworth)滤波器来近似。一些学者尝试在原始轨迹上读取振幅和周期,然后使用针对特定仪器的响应函数来手动或自动地校正振幅,但这可能会产生一个错误的值,因为最大振幅可能出现在原始和伍德-安德森模拟轨迹的不同时间。而且,如果信号的频率低于伍德-安德森的固有频率,由于伍德-安德森仪器的滤波不包括在内,地面振幅将过大。

图 4-9 显示了一次深层地震的地震图,震级较小(M_L=3.1)。由图可见,尽管由于从速度到位移的积分导致伍德-安德森轨迹明显具有较低的频率成分,但原始轨迹和伍德-安德森模拟轨迹非常相似。

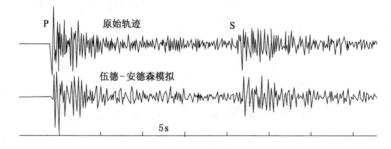

图 4-9 一次深层地震事件

图 4-9 所示地震是一次深层地震事件,震中距 209 km,震源深度 154 km,台站记录的 M_L 为 3.1。由于近垂直入射,P 波在垂直分量上的振幅比 S 波大,但是 S 波上的最大振幅仍然被读取。需要注意的是,M_L 尺度是为浅层事件定义的。对于深层事件,由于水平分量和垂直分量之间的能量分布对入射角敏感,衰减和几何扩展是不同的。但是如果参数 a、b 和 c 已根据局部条件调整,则 M_L 尺度可用于深层地震。

　　对于非常小的事件或微弱的信号,由于微震背景噪声,可能在伍德-安德森模拟轨迹上看不到地震信号。解决这个问题的一种方法是在更窄的频带内测量位移幅度。图 4-10 显示了一次计算小事件的 M_L 的例子。从图中可以看出,S 波振幅在伍德-安德森模拟轨迹上看不到。使用 2～20 Hz 的滤波器使 S 相可见,但是它仍然受到微震噪声的影响,并且看起来滤波器的低截止频率必须高于 3 Hz 以去除微震噪声。使用低截止频率 5 Hz 以上滤波器减小了表示 S 波信号能量被移除的幅度。因此,滤波器的低截止频率应该足够高,以便消除微震噪声的影响。

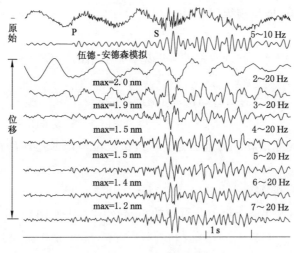

图 4-10　一次小地震事件

　　该事件震级 M_L =-0.3。最上面的轨迹为原始信号,下一个轨迹为经过滤波的相同信号,再下面的是伍德-安德森模拟位移信号,给出了不同频带(8 个极点滤波器)的位移,最大振幅在轨迹之上给出。

　　M_L 的一般计算程序为:计算垂直分量的位移地震图(nm),并用伍德-安德森滤波器进行乘法运算。当事件的震级小于 2～3 时,必须用额外的低截止频率滤波器,通常是 1.25 Hz 的 8 阶滤波器;对于非常小的事件,增加较低的截止频率,直到最大位移振幅在噪声之上清晰可见;读取垂直分量上的最大振幅;如果使用了附加的低截滤波器,则必须对该滤波器的增益进行幅度校正;当报告观察结果时,确保用 IAML 来报告相应阶段的 ID。

　　在煤矿实际情况下,由于容易监测到有效的 P 波,并且 $M_L = \lg A + Q_d(\Delta)$[201] 中参数 $Q_d(\Delta)$ 的精确值无法确定,因此在一些特殊情况下可以使用其他两种不同的方法[30]来计算局部震级(M_L)。

Palabora 局部震级(M_L)由以下公式计算：

$$M_L = 0.272 \lg E + 0.392 \lg M_0 - 4.63 \qquad (4\text{-}43)$$

式中，E 为地震能量，M_0 为地震矩。这个震级尺度与南非地质勘测局（GSSA）管理的国家地震台网相关。如同其他 AAC 矿井地震台网一样，从能量值和地震矩值上分析，计算了 Klerksdorp 区域地震台网升级后（1990 年 9 月）的震级值。

另一个局部震级(M_L)通过 M_W 和 M_e 的平均值来计算，矩震级(M_W)由式（4-47）[202]计算，能量震级(M_e)由式（4-44）计算：

$$M_e = 0.526 \lg E - 1.16 \qquad (4\text{-}44)$$

根据 M_W 和 M_e 的计算结果，可以根据下面的方程（4-45）和（4-46）来计算 M_L：

$$M_L = (M_W + M_e)/2 \qquad (4\text{-}45)$$

$$M_L = 0.263 \lg E + 0.333 \lg M_0 - 3.613 \qquad (4\text{-}46)$$

式中，E 为地震能量，M_0 为地震矩。该震级尺度与南非地质勘探（GSSA）管理的国家地震台网无关。

4.1.4.3 矩震级 M_W

由 Hanks 和 Kanamori[202]开发的矩震级 M_W 根据 IASPEI[200]推荐的标准形式定义为：

$$M_W = 2/3 \lg M_0 - 6.07 \qquad (4\text{-}47)$$

式中，M_0 为地震矩，M_0 在 N·m 单位级下测定。地震矩 M_0 是构造尺寸的直接度量，因此不饱和，规定在比辐射震源谱的角周期大的周期处进行测量。地震矩可以通过矩张量反演或谱分析来确定，一个可靠的地震矩是对地震大小的最客观静态测量，因此应该尽可能确定地震矩的大小。通过地震辐射能量与地震矩、能量与面波震级的关系，定义了地震矩的震级。然而，由于地震矩大小标度是针对恒定应力降定义的，地震矩大小不能正确地反映释放的总能量，但是能量释放取决于应力降。

图 4-11 显示了一次大地震的 P 波和 S 波频谱分析的例子。震源距离为 107 km，$M_L = 6.4$，$M_S = 6.7$。由于站点离事件很近，所以只能使用很短的时间窗进行 P 波分析。P 波的频谱水平低于 S 波谱，手工测定的 P 波和 S 波的 M_W 分别为 6.5 和 6.4，表明 P 波和 S 波谱具有相似的大小。远震报告 M_W 分别为 6.8（PDE）和 6.6（HRV），因此，如果存在未截断的记录，则可以在大的局部事

件发生后几秒钟内获得合理的可靠震级估计。从 S-P 时间可以计算出一个近似距离,频谱估计可以自动进行,并且已经证明可以可靠地工作到 8 级[198]。

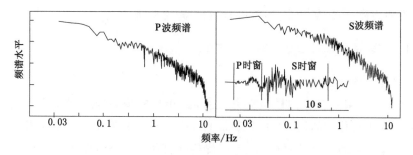

图 4-11　一次地震事件的 P 波和 S 波频谱分析

S 波谱下的插入显示了用于谱分析的时间窗。用 $Q = 204 f^{0.85}$ 校正了 Q 的谱。

用频谱法测定 M_w 的方法综述:对于任何尺度的地震,可以使用 P 波或 S 波确定矩震级;用于 M_w 的频谱测定的时间窗必须至少与破裂时间一样长,以包括所有的能量;仪器必须能够记录频率低于拐角频率的信号。

4.2　小尺度破裂的震源参数分析

煤矿井下巷道的开挖是一个应力的释放过程,导致围岩内部应力重新调整,致使原始应力场发生很大变化,易引起冲击地压等煤岩动力灾害[9]。因此,人们研究孔洞煤岩试样的变形特征和声发射特征来预测煤岩试样破裂引起的动力灾害。

实验室小尺度的煤岩声发射实验,可以帮助人们进一步了解煤岩的冲击破裂行为和机制。煤岩声发射信号蕴含着煤岩体内部结构、裂纹发生扩展和破裂机制等丰富的信息。岩石的声发射,反映了岩石损伤的程度,与岩石内部缺陷的演化直接相关。通过分析实验室小尺度的煤岩试样受力破裂过程的声发射特征与岩石破裂本身的关系,有助于认识岩石的破裂机制,从而为声发射监测岩体动力灾害提供理论和技术依据[11]。

虽然前人在不同试样破裂声发射信号特征上做了大量研究,但是对于孔洞煤岩的破裂模式和声发射特征研究还不深入。本文对完整煤岩以及孔洞煤岩 4 种不同煤岩试样进行单轴压缩声发射实验研究,获取孔洞煤岩试样破裂全过程中的载荷-轴向变形曲线及声发射参数,观察试样动态破裂失稳情况,分析破裂过程中的声发射时空演化规律和波形的多重分形特征,通过对完整煤岩和孔洞煤岩试样的损伤破裂及声发射时空演化规律进行对比分析,来深入了解煤岩冲击破裂的规律,为煤矿冲击地压的防治打下理论基础。

4.2.1 煤岩试样单轴加载下声发射实验

4.2.1.1 实验试样及系统

实验所采用的煤岩试样呈立方体状,试样严格按照国际岩石力学实验规范,对两端进行仔细研磨,使上下表面平行度符合实验要求。孔洞被开在试样的中心,其中岩石样品孔直径 5.8 cm、煤样孔直径 2.0 cm,如图 4-12 所示。岩样参数在表 4-2 中示出。

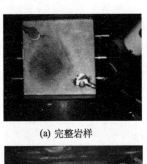
(a) 完整岩样

(b) 含孔洞岩样

(c) 完整煤样

(d) 含孔洞煤样

图 4-12　制备的试样

表 4-2　4 种煤岩试样的基本参数

岩性	试样编号	尺寸/mm	质量/kg	体积/cm³	密度/(g/cm³)
完整岩样	Y1	150.10×149.98×150.0	9.610	3 376.80	2.846
含孔洞岩样	Y2	150.20×150.0×149.99	8.480	2 980.69	2.845
完整煤样	M1	99.80×100.0×99.90	1.232	997.00	1.236
含孔洞煤样	M2	99.90×100.10×100.20	1.199	970.60	1.235

测试系统主要由加载系统、应变采集系统、声发射系统、高速摄像系统组成,如图 4-13 和图 4-14 所示。加载系统是由 MTS 微机控制的 600 kN 电液伺服压力机。力控制和位移控制有 2 种加载控制方式。AE 系统是物理声学公司的 Express-8 24 通道声发射数据采集系统,通过匹配 Express-8 岩石实验软件,结合频谱分析和三点模糊功能,可以实时采集 AE 的时域参数和原始波形数据,可以实现声发射事件的位置定位。

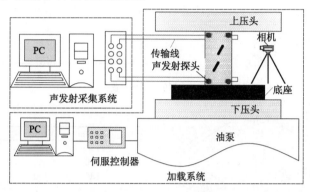

图 4-13　实验系统示意图

图 4-14　实验系统实物图

为了获取完整的声发射破裂信号,实现三维定位功能,采用专用传感器固定设备将 10 个 R15 声发射传感器(频率范围为 50~400 kHz,本设备共有 24 个通道,根据测试选择了 1、2、7、8、10、11、12、13、14、15 个通道)固定在样品表面的不同位置。为了保证定位精度,每组实验探头布置完毕后需进行断铅实验,当断铅幅值响应在 90 dB 上时方可进行后续实验操作。4 种煤岩试样的传感器布置如图 4-15 所示。在测试过程中,前置放大器的放大系数设定为 100。AE 数据采集系统的阈值为 42 dB,采样频率为 1 MSPS,加载方式为力控制,其

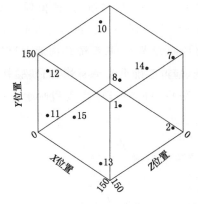

通道	X/mm	Y/mm	Z/mm
1	150	130	130
2	150	20	20
7	130	130	0
8	20	20	0
10	0	130	20
11	0	20	130
12	20	130	150
13	130	20	150
14	75	75	0
15	75	75	150

(a) 完整岩样的传感器布置

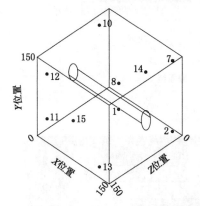

通道	X/mm	Y/mm	Z/mm
1	150	130	130
2	150	20	20
7	130	130	0
8	20	20	0
10	0	130	20
11	0	20	130
12	20	130	150
13	130	20	150
14	75	75	0
15	75	75	150

(b) 含孔洞岩样的传感器布置

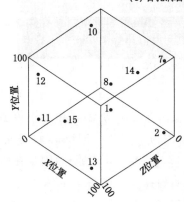

通道	X/mm	Y/mm	Z/mm
1	100	85	85
2	100	15	15
7	85	85	0
8	15	15	0
10	0	85	15
11	0	15	85
12	15	85	100
13	85	15	150
14	50	50	0
15	50	50	100

(c) 完整煤样的传感器布置

图 4-15　传感器的布置

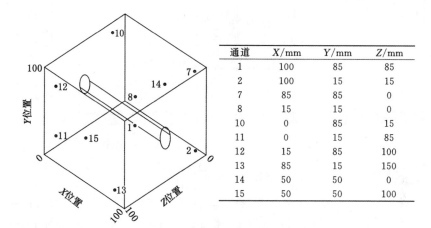

通道	X/mm	Y/mm	Z/mm
1	100	85	85
2	100	15	15
7	85	85	0
8	15	15	0
10	0	85	15
11	0	15	85
12	15	85	100
13	85	15	150
14	50	50	0
15	50	50	100

(d) 含孔洞煤样的传感器布置

图 4-15　（续）

中完整岩样的力控为 1 000 N/s,含孔洞岩样的力控为 1 000 N/s,完整煤样的力控为 200 N/s,含孔洞煤样的力控为 100 N/s。高速摄像机每一秒采集一张图片。对单轴压缩下 4 种煤岩试样进行了声发射测试。

4.2.1.2　声发射脉冲计数随应力变化特征

图 4-16 为 4 种煤岩试样单轴压缩条件下声发射脉冲数随加载过程的变化曲线图。

从图 4-16 可以看出,4 种试样在破裂过程中具有一定的共同之处,但由于岩性的不同,使得试样在整个变形破裂过程又表现出不同的变形特征。4 种试样都具有明显的压密、线弹性、弹塑性和破坏阶段,试样破坏后的残余强度很小,但每个破裂阶段的时间长短不同,而且 4 种试样的单轴抗压强度的大小不同,完整岩样、含孔洞岩样、完整煤样以及含孔洞煤样的单轴抗压强度依次减小。

由图 4-16 声发射脉冲随时间的变化曲线可以看出,4 种试样在加载过程中声发射脉冲数与应力水平的变化规律比较一致。随着应力的增加,声发射脉冲数都呈升高趋势,在峰值应力附近声发射脉冲数达到最大值,声发射与应力的相关性较好。4 种试样脉冲计数出现最大值的时间不同,而且完整岩样、孔洞岩样、完整煤样以及孔洞煤样脉冲计数的最大值依次降低。

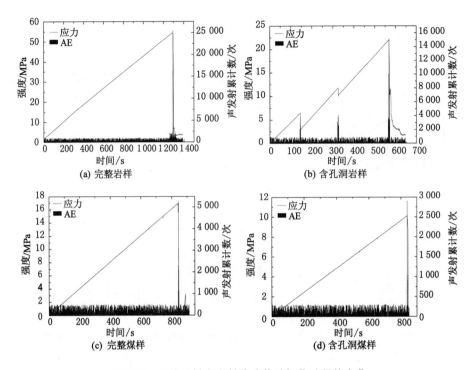

图 4-16 4 种试样声发射脉冲数随加载过程的变化

4.2.1.3 动态破裂过程和声发射定位破裂点的空间演化规律

根据高速摄像机拍摄的试样在单轴加载下的破裂图像和通过声发射定位获得的破裂点空间位置,来进一步分析 4 种煤岩试样的动态破裂过程和破裂点的空间演化规律。

(1) 完整岩样的动态破裂过程和声发射定位破裂点的空间演化规律

获得的完整岩样在单轴加载下的动态破裂过程和声发射定位破裂点的空间演化规律如图 4-17 和图 4-18 所示。

图 4-17 中拍摄的图像清晰、生动地反映了完整岩样的动态破裂过程。在早期阶段,由于加载应力较小,试样非常稳定;随着加载应力的增加,在局部(四周)开始出现明显的裂纹;当应力进一步增加时,出现裂纹的地方越来越多(尤其是中部),当裂纹发展到一定程度时,试样开始失稳和破裂。

由图 4-18 可以看出,完整岩样在加载初期($10\%\sigma_c$ 和 $20\%\sigma_c$,σ_c 为峰值应力强度),声发射定位破裂点数目很少,而且相对离散;在 $30\%\sigma_c$ 和 $40\%\sigma_c$,应力水平状态下,破裂点逐渐增加一些,但数目还是较少而且相对离散;当应力水平达

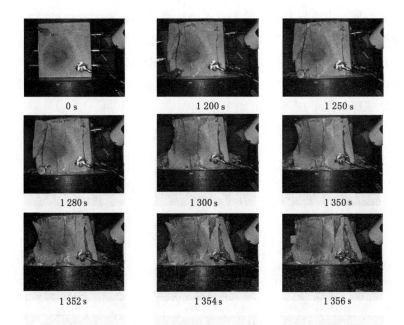

图 4-17 完整岩样的动态破裂过程

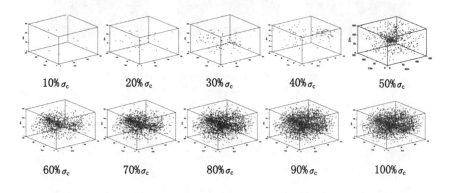

图 4-18 不同应力水平下完整岩样声发射定位破裂点的空间演化规律

到 $50\%\sigma_c$,时,破裂点数目明显增多,而且相对集中在四周,这说明试样在四周产生了相对明显的裂纹;当应力水平达到 $60\%\sigma_c$ 和 $70\%\sigma_c$,时,在原破裂位置附近又产生了较多破裂点,而且试样中部的破裂点增加明显,说明在试样的中部也产生裂纹;当应力水平达到 $80\%\sigma_c$ 和 $90\%\sigma_c$,时,试样中部和四周的定位点继续增多,试样内部各个裂纹贯通发育;当应力水平达到 $100\%\sigma_c$ 时,声发射定位破裂点达到最大值,试样中部和四周的破裂点数都较多,这时试样内部的裂纹全面贯通发展。由声发射定位破裂点图和试样动态破裂图对比可以看出,声发射定位破裂点可以进一步反映试样破裂过程中内部裂纹的演化过程。

(2)含孔洞岩样的动态破裂过程和声发射定位破裂点的时空演化规律

获得的含孔洞岩样在单轴加载下的动态破裂过程和声发射定位破裂点的空间演化规律如图 4-19 和图 4-20 所示。

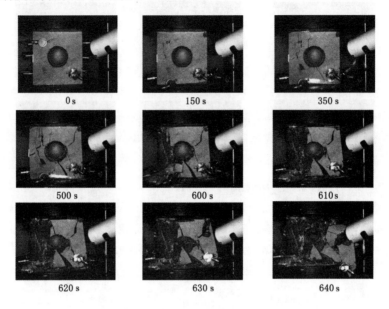

图 4-19　含孔洞岩样的动态破裂过程

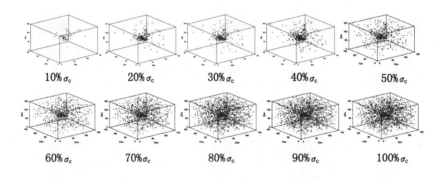

图 4-20　不同应力水平下含孔洞岩样声发射定位破裂点的空间演化规律

图 4-19 中拍摄的图像清晰、生动地反映了含孔洞岩样的动态破裂过程。在早期阶段,由于加载应力较小,带孔岩石试件非常稳定,随着加载应力的增加,

出现明显的小裂纹,小裂纹逐渐发展为大裂纹;当大裂纹发展到一定程度时,含孔洞岩样开始失稳和破裂。由图 4-20 可以看出,含孔洞岩样在加载初期($10\%\sigma_c$,σ_c 为峰值应力强度),声发射定位破裂点数目很少,而且在局部集中;在 $20\%\sigma_c$、$30\%\sigma_c$ 和 $40\%\sigma_c$ 应力水平状态下,破裂点在原来的局部位置逐渐增多,但数目还是较少;当应力水平达到 $50\%\sigma_c$ 时,试样在原局部位置的破裂点明显增多,而且在其他部位也产生了一些新的破裂点,这说明试样在局部产生小裂纹,而且其他部位新的裂纹在逐渐发育;当应力水平达到 $60\%\sigma_c$ 和 $70\%\sigma_c$ 时,在原破裂位置附近的破裂点继续增多,而且其他部位的破裂点也明显增多,表明原来的裂纹继续发育,在其他部位也产生了新的裂纹;当应力水平达到 $80\%\sigma_c$ 和 $90\%\sigma_c$ 时,试样中部的破裂点明显增多,左右两侧的裂纹开始向中部贯通发育;当应力水平达到 $100\%\sigma_c$ 时,声发射定位破裂点达到最大值,试样左右两侧和中部的破裂点数都较多,这时试样内部的裂纹全面贯通发展。由声发射定位破裂点图和试样动态破裂图对比可以看出,声发射定位破裂点可以进一步反映试样破裂过程中内部裂纹的演化过程。

(3) 完整煤样动态破裂过程和声发射定位破裂点的空间演化规律

获得的完整煤样在单轴加载下的动态破裂过程和声发射定位破裂点的空间演化规律如图 4-21 和图 4-22 所示。

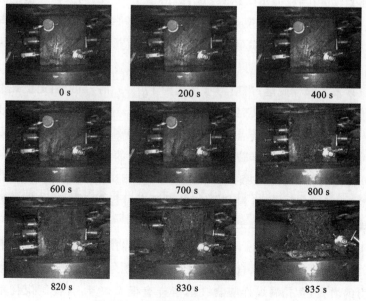

<table>
<tr><td>0 s</td><td>200 s</td><td>400 s</td></tr>
<tr><td>600 s</td><td>700 s</td><td>800 s</td></tr>
<tr><td>820 s</td><td>830 s</td><td>835 s</td></tr>
</table>

图 4-21　完整煤样的动态破裂过程

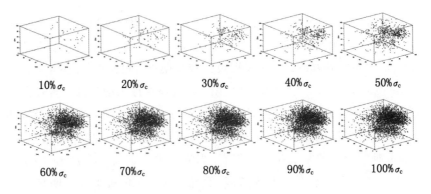

图 4-22　不同应力水平下完整煤样声发射定位破裂点的空间演化规律

图 4-21 中拍摄的图像清晰、生动地反映了完整煤样的动态破裂过程。在早期阶段，由于加载应力较小，完整煤样是稳定的。但是由于岩性的不同，随着加载应力的增大，完整煤样与完整岩样有很大差异：完整煤样在加载过程中不会出现明显的裂缝，但伴随有中下部煤样的脱落，当应力达到一定程度时，完整煤样将失稳并直接断裂。由图 4-22 可以看出，完整煤样在加载初期（$10\%\sigma_c$，σ_c 为峰值应力强度），声发射定位破裂点数目很少，但相对在一侧局部集中；在 20% σ_c、$30\%\sigma_c$ 和 $40\%\sigma_c$ 应力水平状态下，破裂点在之前较为集中的区域继续增多，但数目还是较少；当应力水平达到 $50\%\sigma_c$、$60\%\sigma_c$ 和 $70\%\sigma_c$ 时，一侧的破裂点继续增多，而且其他部位的破裂点也逐渐增加，在这些应力状态下破裂点增加非常快，表明此时试样在一侧发生了煤样的脱落；当应力水平达到 $80\%\sigma_c$ 和 $90\%\sigma_c$ 时，试样其他部位的破裂点明显增多，左右两侧的裂纹开始向中部贯通发育，试样四周继续发生煤样脱落；当应力水平达到 $100\%\sigma_c$ 时，声发射定位破裂点达到最大值，试样左右两侧和中部的破裂点数都较多，这时试样内部的裂纹全面贯通发展。由声发射定位破裂点图和试样动态破裂图对比可以看出，声发射定位破裂点可以进一步反映试样破裂过程中内部裂纹的演化过程。

（4）含孔洞煤样动态破裂过程和声发射定位破裂点的空间演化规律

获得的单轴加载下含孔洞煤样的动态破裂过程和声发射定位破裂点的空间演化规律如图 4-23 和图 4-24 所示。

图 4-23 拍摄的图像清晰、生动地反映了含孔洞煤样的动态破裂过程。在早期阶段，由于加载应力较小，含孔洞煤样是稳定的。但是由于岩性的不同，随着加载应力的增大，含孔洞煤样与含孔洞岩样有很大差异：含孔洞煤样不会出现明显的裂缝，但是也会和完整煤样一样发生中下部煤样的脱落，而且脱落效果

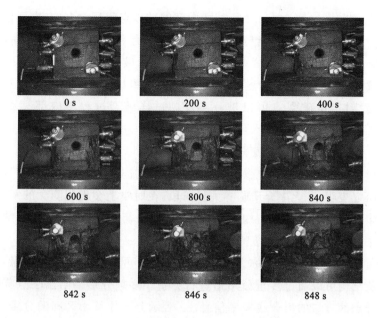

图 4-23　含孔洞煤样的动态破裂过程

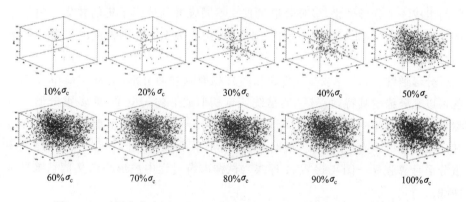

图 4-24　不同应力水平下含孔洞煤样声发射定位破裂点的空间演化规律

比完整煤样明显,当应力达到一定程度时,含孔洞煤样将开始失稳并发生断裂。由图 4-24 可以看出,含孔洞煤样在加载初期($10\%\sigma_c$,σ_c 为峰值应力强度),声发射定位破裂点数目很少,而且比较分散;在 $20\%\sigma_c$、$30\%\sigma_c$ 和 $40\%\sigma_c$ 应力水平状态下,破裂点继续增多,但数目还是较少而且分散在四周;当应力水平达到 $50\%\sigma_c$、$60\%\sigma_c$ 和 $70\%\sigma_c$ 时,四周的破裂点继续增多,而且中部的破裂点也逐渐增加,在这些应力状态下破裂点增加得很快,表明在四周出现了明显的煤样脱落;当应

力水平达到 $80\%\sigma_c$ 和 $90\%\sigma_c$ 时,试样中部的破裂点明显增多,左右两侧的破裂开始向中部贯通发育,煤样继续发生脱落;当应力水平达到 $100\%\sigma_c$ 时,声发射定位破裂点达到最大值,试样左右两侧和中部的破裂点数都较多,这时试样内部的裂纹全面贯通发展。由声发射定位破裂点图和试样动态破裂图对比可以看出,声发射定位破裂点可以进一步反映试样破裂过程中内部裂纹的演化过程。

4.2.1.4 声发射波形的多重分形特征

分形维数被用来描述非稳定信号和对象,是描述复杂和不稳定信号的有效工具。研究表明,在无序介质临界失稳阶段,在时空上会出现隐含的复杂性,一般形成多尺度特征和分形结构,类似于一个非平衡相变过程,在这种情况下广义信息维 D_q-q 可以作为系统特征的定量指标。

多重分形谱 $f(\alpha)$-α 又称为奇异谱,是描述多重分形的常用的参量,奇异测度的分段结构可以通过多重分形谱进行分析。多重分形谱给出了点集中具有相同奇异点的分布的集合或概率信息。α 表示分形体某小区间的分维,称为奇异性指数或标度指数,各个小区间可以用不同的 α 来表征。具有相同 α 值的小区间组成一个分形子集,多重分形是具有不同维数的分形子集的并集。由于小区间数目很大,因此可得到一个由不同 α 所组成的无穷序列构成的多重分形谱函数 $f(\alpha)$。

分形通常分为两大类,一类是几何自相似或均匀分形,通常用简单分维 D 就可以充分描述其特性;另一类是统计自相似或非均匀分形,即多重分形。自然界中的分形体一般是统计自相似的,非均匀分形则需要用多重分形谱 $f(\alpha)$-α 和广义信息维 D_q-q 来描述。根据多重分形计算公式,采用 MATLAB 编写了多重分形计算程序。图 4-14 是 4 种煤岩试样破裂过程中波形的广义信息维 D_q-q 曲线。

由图 4-25 可知,煤岩试样破裂过程中波形的多重分维数 D_q 都是随 q 的增加而单调下降,即 D_q 是 q 的递减函数,表明试样破裂波形具有多重分形特征。破裂前、破裂时和破裂后波形的 D_q,不恒等于 1,表明波形数据是非均匀分布,而且破裂时波形广义信息维偏离 1 的幅度均大于破裂前后的波形,说明试样破裂时波形的多重分形性要强于破裂前后的波形多重分形性。

利用多重分形计算程序,分别计算得到波形的多重分形谱 $f(\alpha)$-α。从图 4-26可以看出,试样破裂前、破裂时和破裂后的波形 $f(\alpha)$-α 曲线各不相同,但是都表现出良好的多重分形特征。

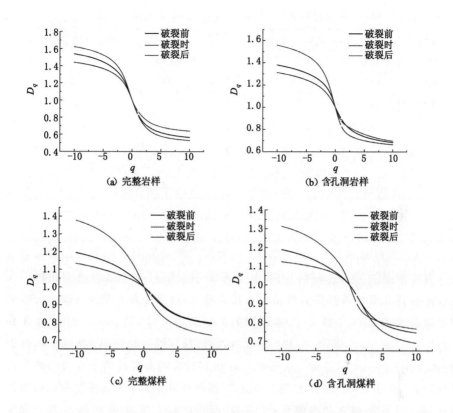

图 4-25　4 种试样破裂过程波形的广义信息维 D_q-q 曲线

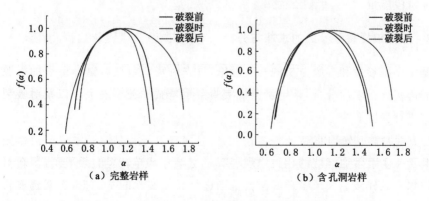

图 4-26　4 种煤岩试样破裂波形的多重分形谱 $f(\alpha)$-α 曲线

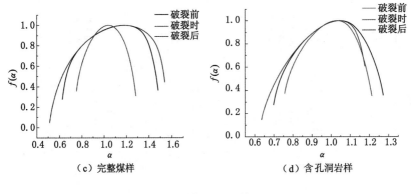

（c）完整煤样　　　　　　　　（d）含孔洞岩样

图 4-26　（续）

$\Delta f(\alpha) = f(\alpha_{\max}) - f(\alpha_{\min})$ 表示相关物理参数子集中元素个数在最大和最小处的比例，对于波形，$\Delta f(\alpha)$ 可以作为波形信号中大小峰值所占的比例的度量，$\Delta f(\alpha)$ 越小表示波形中大峰值所占比例越大，反之亦然。从图 4-26 可知，破裂前后波形的 $\Delta f(\alpha)$ 都大于 0，分别为 0.003、0.054 2、0.081 5、0.086 3 和 0.191 8、0.280 3、0.395 6、0.460 9；而两次破裂时波形的 $\Delta f(\alpha)$ 均小于 0，分别为 $-0.108\ 7$、$-0.083\ 5$ 和 -0.048、$-0.021\ 1$，表明破裂时波形中大波峰所占比例较大，破裂时的能量较大，破裂前后的波形中小波峰占优，破裂前后的能量较小，而且完整岩样各阶段能量均大于孔洞岩样对应阶段能量，含孔洞岩样各阶段能量均大于完整岩样对应阶段能量，完整煤样各阶段能量均大于含孔洞煤样对应阶段能量。

4.2.2　煤样破裂震源参数的求取与分析

基于震源参数和震级分析的相关理论，首先对实验室煤岩试样破裂的震源参数和震级进行求取分析，来定量分析实验室煤岩试样破裂的大小以及对破裂的形式进行深度研究。

（1）带通滤波处理波形

基于 4.1 节带通滤波的相关原理和实验室煤岩试样破裂的频率范围，在对实验室煤岩试样破裂波形带通滤波的范围进行反复实验的基础上，本文选取较低截止频率 $f_1 = 10^2$ Hz 和较高的截止频率 $f_2 = 10^6$ Hz 进行滤波。实验室煤岩试样破裂事件的带通滤波处理如图 4-27 所示。

通过图 4-27 可以看出，基于选择的截止频率，带通滤波可以对实验室煤岩

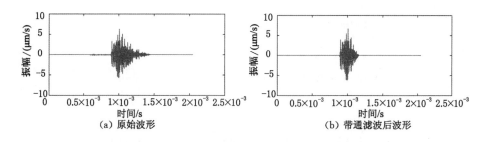

图 4-27　波形的带通滤波处理

试样破裂的声发射波形进行有效的滤波处理。

（2）拐角频率 f_0、拐角频谱 Ω_0 以及品质衰减因子 Q 的求取

随机选取一个煤样破裂的声发射事件,因为对于任何一个煤样破裂声发射事件都对应着 10 组台站(1、2、7、8、10、11、12、13、14、15)的波形数据,这里选取其中的两个台站的波形数据来展示拐角频率 f_0、拐角频谱 Ω_0 以及品质衰减因子 Q 的求取过程。在对带通滤波后的波形进行傅立叶变换的基础上,首先用 ω^2 源模型对 P 波频谱进行拟合,同时校正路径品质衰减因子 Q、拐角振幅 Ω_0 和拐角频率 f_0,然后通过最小化观测谱与模拟谱的对数差的 L_2 范数,得到每个地震的初始模型拟合,并使用与频率成反比的权重来均衡整个对数频谱中所有频率测量的影响,最后应用网格搜索法确定基于初始模型估计的最佳拟合谱参数。随机选取了三个不同震级事件谱分析过程。为了与 ω^2 模型对比,展现出 ω^2 模型良好的拟合结果,同样用 ω^3 模型[83,215]来对同样的波形进行拟合,结果如图 4-28 和图 4-29 所示。

从图 4-28(b)中可以看出,ω^2 模型可以很好地对震源谱进行拟合。根据 ω^2 模型拟合和网格搜索得出的相关参数拐角频率 $f_0 = 1.39 \times 10^5$ Hz,拐角振幅 $\Omega_0 = 3.38 \times 10^{-4}$ μm,品质衰减因子 $Q = 196$。而且进一步通过图 4-28(c)可以看出,ω^2 模型的拟合效果远好于 ω^3 模型的拟合效果(该事件为一次地震矩 $M_0 = 4.25 \times 10^2$ N·m,矩震级 $M_w = -4.32$ 的事件)。

从图 4-29(b)中可以看出,ω^2 模型可以很好地对震源谱进行拟合。根据 ω^2 模型拟合和网格搜索得出的相关参数拐角频率 $f_0 = 1.39 \times 10^5$ Hz,拐角振幅 $\Omega_0 = 3.94 \times 10^{-4}$ μm,品质衰减因子 $Q = 238$。而且进一步通过图 4-29(c)可以看出,ω^2 模型的拟合效果远好于 ω^3 模型的拟合效果(该事件为一次地震矩 $M_0 = 4.96 \times 10^2$ N·m,矩震级 $M_w = -4.27$ 的事件)。

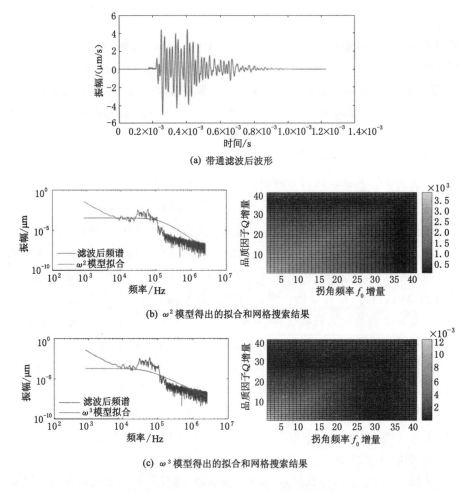

(a) 带通滤波后波形

(b) ω^2 模型得出的拟合和网格搜索结果

(c) ω^3 模型得出的拟合和网格搜索结果

图 4-28　台站 1 波形数据分析

（3）震源参数的求取

基于求取的拐角频率 f_0、拐角振幅 Ω_0 以及 4.1 节提出的震源参数的理论和计算公式，本文进一步对震源参数进行求取。

上节提出了地震矩 M_0 的计算公式（4-28），应用此公式求取煤样破裂声发射事件的地震矩 M_0 时，r 为震源到传感器的距离，0.52 为 P 波的辐射花样因子，Ω_0 为上文求取的拐角振幅，而且进一步通过测量和实验分析，得出完整煤样和含孔洞煤样的波速 $v=2.0$ km/s，密度 $\rho=1.30$ gm/cm^3，根据以上参数就可以求取地震矩 M_0；根据求取的地震矩 M_0 和式（4-32）就可以求取辐射能量

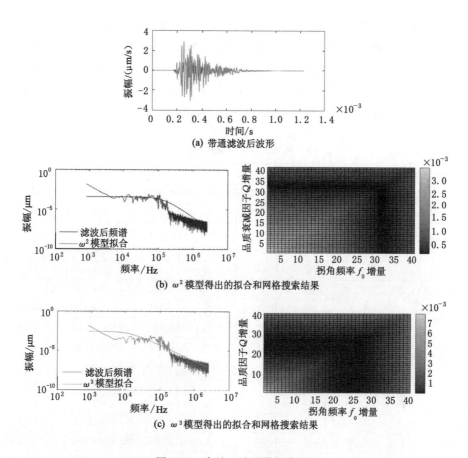

(a) 带通滤波后波形

(b) ω^2 模型得出的拟合和网格搜索结果

(c) ω^3 模型得出的拟合和网格搜索结果

图 4-29　台站 2 波形数据分析

E；根据求取震源半径 R 的公式（4-29），波速 $v=2.0$ km/s，以及求取的拐角频率 f_0，就可以求取震源半径 R；根据式（4-31）和上面求取的震源半径 R 和地震矩 M_0，就可以求取应力降 $\Delta\sigma$；计算视应力 σ_a 的公式（4-33）中，剪切模量 $\mu=3.3\times10^4$ MPa，再根据求取的地震能量 E 和地震矩 M_0 就可以来计算视应力；根据公式（4-47）和求取的地震矩 M_0 就可以求取矩震级 M_w（因为在局部震级 M_L 的求取公式中，对于小尺度煤岩此公式有很多参数是未知的，所以只计算矩震级 M_w）。随机选取 100 个实验室小尺度煤样破裂声发射事件，来求取它们的震源参数和矩震级，部分事件的求取结果如表 4-3 所示。

从表 4-3 中可以看出，可以对实验室小尺度煤样破裂声发射事件的震源参数和矩震级进行迅速准确求取。求取出矩震级 M_w 的范围为 $-6.06\sim-4.26$，

地震矩 M_0 的范围为 1.04~517.00 N·m,震源能量 E 的范围为 3.03E−05~1.54E−03 J,应力降 $\Delta\sigma$ 的范围为 36.0~57.8 MPa,视应力 σ_a 的范围为 7.96E−02~9.62E−01 MPa,震源半径 R 的范围为 2.19E−03~1.68E−02 m,拐角频率 f_0 的范围为 5.95E+04~4.56E+05 Hz,品质衰减因子 Q 的范围为 8.61E+02~2.78E+03。

表 4-3　实验室小尺度煤样破裂震源参数

序号	M_W	$M_0/(\text{N·m})$	E/J	$\Delta\sigma/\text{MPa}$	σ_a/MPa	R/m	f_0/Hz	Q
1	−5.00	40.10	1.01E−04	47.5	8.31E−02	7.18E−03	1.39E+05	1.32E+03
2	−5.19	20.80	7.15E−05	46.7	1.13E−01	5.80E−03	1.72E+05	2.78E+03
3	−5.59	5.18	7.05E−05	43.1	4.49E−01	3.75E−03	2.67E+05	2.55E+03
4	−5.06	32.50	1.15E−04	44.3	1.17E−01	6.85E−03	1.46E+05	2.03E+03
5	−4.44	276.00	9.60E−04	48.1	1.15E−01	1.36E−02	7.36E+04	2.24E+03
6	−4.26	517.00	1.54E−03	47.6	9.83E−02	1.68E−02	5.95E+04	2.34E+03
7	−4.62	150.00	4.15E−04	49.5	9.13E−02	1.10E−02	9.10E+04	1.26E+03
8	−4.85	67.20	3.28E−04	42.0	1.61E−01	8.88E−03	1.13E+05	1.01E+03
9	−5.24	17.40	1.42E−04	46.7	2.69E−01	5.46E−03	1.83E+05	9.35E+02
10	−4.65	133.00	5.40E−04	43.9	1.34E−01	1.10E−02	9.10E+04	2.00E+03
11	−4.98	43.50	1.46E−04	51.5	1.11E−01	7.18E−03	1.39E+05	1.92E+03
12	−4.61	157.00	1.01E−03	51.8	2.12E−01	1.10E−02	9.10E+04	1.24E+03
13	−5.50	7.19	1.04E−04	57.8	4.77E−01	3.79E−03	2.64E+05	1.59E+03
14	−5.17	22.50	9.50E−05	50.5	1.39E−01	5.80E−03	1.72E+05	1.75E+03
15	−5.40	10.00	5.85E−05	42.6	1.93E−01	4.69E−03	2.13E+05	2.56E+03
16	−5.05	33.60	8.10E−05	49.6	7.96E−02	6.67E−03	1.50E+05	1.66E+03
17	−5.74	3.11	4.84E−05	47.4	5.14E−01	3.06E−03	3.27E+05	2.03E+03
18	−5.57	5.63	5.35E−05	45.3	3.14E−01	3.79E−03	2.64E+05	8.61E+02
19	−5.91	1.74	4.13E−05	36.0	7.86E−01	2.76E−03	3.62E+05	1.38E+03
20	−6.06	1.04	3.03E−05	43.1	9.62E−01	2.19E−03	4.56E+05	2.14E+03

（4）震源参数与地震矩之间的关系分析

基于表 4-3 求取的各个震源参数,对实验室小尺度煤样破裂声发射事件的各个震源参数与地震矩之间的关系进行了分析,结果如图 4-30 所示。

从图 4-30 中可以看出,拐角频率 f_0 和地震矩 M_0 基本满足 $y=-0.32x+5.66$ 的线性关系;震源半径 R 与地震矩 M_0 基本满足 $y=0.32x-2.66$ 的线性关系;应力降 $\Delta\sigma$ 整体上围绕着某一个值上下波动;视应力 σ_a 与地震矩 M_0 基本

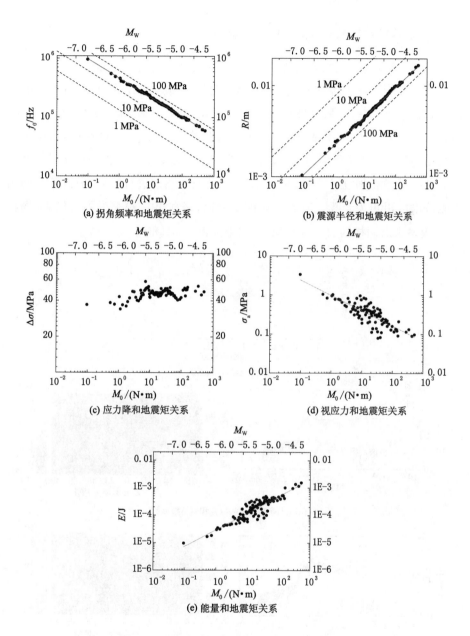

图 4-30 震源参数与地震矩之间的关系分析

满足 $y = -0.39x - 0.01$ 的线性关系;震源能量 E 与地震矩 M_0 基本满足 $y = 0.61x - 4.53$ 的线性关系。

4.2.3 岩样破裂震源参数的求取与分析

（1）拐角频率 f_0、拐角频谱 Ω_0 以及品质衰减因子 Q 的求取

与小尺度煤样震源参数的分析一样，随机选取一个岩样破裂的声发射事件，因为对于任何一个岩样破裂声发射事件都对应着 10 组台站（1、2、7、8、10、11、12、13、14、15）的波形数据，这里同样选取其中的两个台站的波形数据来展示拐角频率 f_0、拐角频谱 Ω_0 以及品质衰减因子 Q 的求取过程。首先对带通滤波后的波形进行傅立叶变换，然后基于 ω^2 模型对频谱进行拟合，最后基于网格搜索法求取出相关参数。为了与 ω^2 模型对比，展现出 ω^2 模型的拟合结果，同样用 ω^3 模型来对同样的波形进行拟合，结果如图 4-31 和图 4-32 所示。

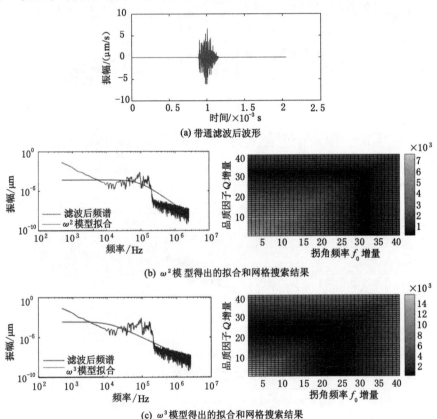

(a) 带通滤波后波形

(b) ω^2 模型得出的拟合和网格搜索结果

(c) ω^3 模型得出的拟合和网格搜索结果

图 4-31　台站 1 波形数据分析

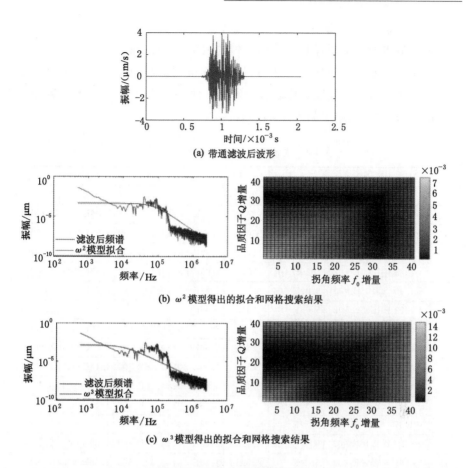

(a) 带通滤波后波形

(b) ω^2 模型得出的拟合和网格搜索结果

(c) ω^3 模型得出的拟合和网格搜索结果

图 4-32　台站 2 波形数据分析

　　从图 4-31(b) 中可以看出,ω^2 模型可以很好地对岩样破裂震源谱进行拟合。根据 ω^2 模型拟合和网格搜索得出的相关参数分别为:拐角频率 f_0＝9.10E＋04 Hz,拐角振幅 Ω_0＝2.50E－04 μm,品质衰减因子 Q＝257。而且进一步通过图 4-16(c) 可以看出,ω^2 模型的拟合效果远远地好于 ω^3 模型的拟合效果(该事件为一次地震矩 M_0＝3.10E＋03 N·m,矩震级 M_w＝－3.73 的事件)。

　　从图 4-32(b) 可以看出,ω^2 模型可以很好地对震源谱进行拟合。根据 ω^2 模型拟合和网格搜索得出的相关参数分别为:拐角频率 f_0＝7.36E＋04 Hz,拐角振幅 Ω_0＝4.80E－04 μm,品质衰减因子 Q＝262。而且进一步通过图 4-32(c) 可以看出,ω^2 模型的拟合效果远远地好于 ω^3 模型的拟合效果(该事件为一次地震矩 M_0＝5.94E＋03 N·m,矩震级 M_w＝－3.56 的事件)。

（2）震源参数的求取

根据测出的完整岩样和含孔洞岩样的波速 $v=3.3$ km/s，$\rho=2.85$ g/cm³，用求取煤样震源参数同样的方法可以对岩样破裂的震源参数进行求取。随机选取 100 个实验室小尺度岩样破裂声发射事件，来求取它们的震源参数和矩震级，部分事件的求取结果如表 4-4 所示。

表 4-4　实验室小尺度岩样破裂震源参数

序号	M_W	$M_0/(\text{N}\cdot\text{m})$	E/J	$\Delta\sigma/\text{MPa}$	σ_a/MPa	R/m	f_0/Hz	Q
1	−3.98	1.36E+03	1.65E−03	27.7	4.00E−02	2.77E−02	5.95E+04	1.15E+03
2	−4.17	7.18E+02	1.50E−03	27.9	6.89E−02	2.24E−02	7.36E+04	2.06E+03
3	−4.73	1.01E+02	5.50E−04	26.5	1.80E−01	1.18E−02	1.39E+05	8.39E+02
4	−4.54	1.95E+02	7.50E−04	27.1	1.27E−01	1.46E−02	1.13E+05	1.67E+03
5	−4.73	1.03E+02	4.35E−04	27.1	1.39E−01	1.18E−02	1.39E+05	1.88E+03
6	−4.90	5.65E+01	2.09E−04	28.2	1.22E−01	9.57E−03	1.72E+05	2.32E+03
7	−4.72	1.06E+02	5.00E−04	28.1	1.56E−01	1.18E−02	1.39E+05	2.75E+03
8	−4.91	5.51E+01	3.73E−04	27.5	2.23E−01	9.57E−03	1.72E+05	1.25E+03
9	−4.93	5.16E+01	4.00E−04	25.8	2.56E−01	9.57E−03	1.72E+05	1.90E+03
10	−4.58	1.70E+02	6.15E−04	23.6	1.19E−01	1.46E−02	1.13E+05	1.33E+03
11	−4.39	3.36E+02	3.51E−04	24.7	3.45E−02	1.81E−02	9.10E+04	5.38E+02
12	−4.47	2.48E+02	6.30E−04	34.5	8.38E−02	1.46E−02	1.13E+05	1.30E+03
13	−4.67	1.26E+02	4.89E−04	33.3	1.28E−01	1.18E−02	1.39E+05	2.16E+03
14	−4.69	1.19E+02	9.07E−04	31.5	2.52E−01	1.18E−02	1.39E+05	2.32E+03
15	−4.64	1.39E+02	5.20E−04	36.6	1.23E−01	1.18E−02	1.39E+05	2.41E+03
16	−4.45	2.67E+02	5.46E−04	37.2	6.75E−02	1.46E−02	1.13E+05	7.88E+02
17	−4.83	7.23E+01	3.67E−04	36.1	1.68E−01	9.57E−03	1.72E+05	1.63E+03
18	−4.68	1.23E+02	6.06E−04	32.3	1.63E−01	1.18E−02	1.39E+05	2.78E+03
19	−4.67	1.26E+02	4.50E−04	33.3	1.18E−01	1.18E−02	1.39E+05	2.10E+03
20	−4.30	4.50E+02	7.43E−04	33.1	5.45E−02	1.81E−02	9.10E+04	2.26E+03

从表 4-4 中可以看出，可以对实验室小尺度岩样破裂声发射事件的震源参数和矩震级进行迅速准确求取。求取出矩震级 M_W 的范围为 −4.93～−3.98，地震矩 M_0 的范围为 5.16～1 360 N·m，震源能量 E 的范围为 9.07E−04～1.65E−03 J，应力降 $\Delta\sigma$ 的范围为 23.6～37.2 MPa，视应力 σ_a 的范围为 3.45 E−02～2.56E−01 MPa，震源半径 R 的范围为 9.57E−03～2.77E−02 m，拐角频率 f_0 的范围为 5.95E+04～1.72E+05 Hz，品质衰减因子 Q 的范围为

5.38E＋02～2.78E＋03。

（3）震源参数与地震矩关系的分析

基于表 4-4 求取的各个震源参数，对实验室小尺度岩样破裂声发射事件的各个震源参数与地震矩之间的关系进行了分析，结果如图 4-33 所示。

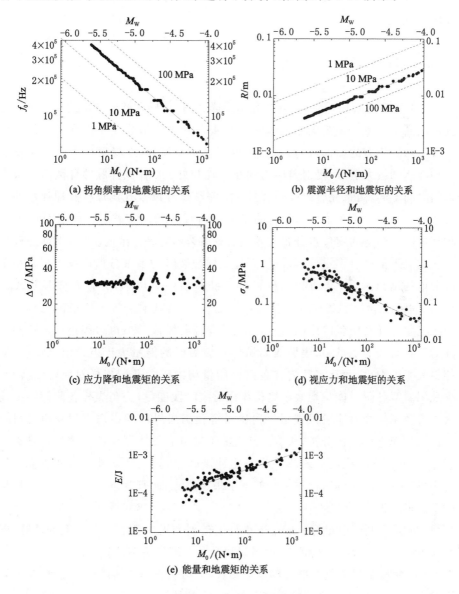

图 4-33　震源参数与地震矩之间的关系分析

从图 4-33 中可以看出，拐角频率 f_0 和地震矩 M_0 基本满足 $y=-0.33x+5.83$ 的线性关系；震源半径 R 与地震矩 M_0 基本满足 $y=0.33x-2.61$ 的线性关系；应力降 $\Delta\sigma$ 整体上围绕着某一个值上下波动；视应力 σ_a 与地震矩 M_0 基本满足 $y=-0.58x+0.33$ 的线性关系；震源能量 E 与地震矩 M_0 基本满足 $y=0.42x-4.19$ 的线性关系。

4.3　本章小结

（1）实验结果显示完整岩样、孔洞岩样、完整煤样和孔洞煤样的单轴抗压强度依次减小；4 种试样在加载过程中声发射脉冲数与应力水平的变化规律比较一致。随着应力的增加，声发射脉冲数都呈升高趋势，在峰值应力附近声发射脉冲数达到最大值，声发射与应力的相关性较好。4 种试样脉冲计数出现最大值的时间不同，而且完整岩样、孔洞岩样、完整煤样以及孔洞煤样脉冲计数的最大值依次减小。由于岩性和结构的变化，4 种试样的动态破裂过程也不同，但 4 种试样的三维空间定位点分布与各自宏观破裂形态是一致的。4 种试样在破裂过程的波形都具有多重分形特征，而且试样破裂时的多重分形谱宽 $\Delta f(\alpha)$ 小于破裂前的 $\Delta f(\alpha)$，破裂前的 $\Delta f(\alpha)$ 小于破裂后的 $\Delta f(\alpha)$，完整岩样各阶段的 $\Delta f(\alpha)$ 都小于含孔洞岩样对应各阶段的 $\Delta f(\alpha)$，含孔洞岩样各阶段的 $\Delta f(\alpha)$ 都小于完整煤样对应各阶段的 $\Delta f(\alpha)$，完整煤样各阶段的 $\Delta f(\alpha)$ 都小于含孔洞煤样对应各阶段的 $\Delta f(\alpha)$，表明煤岩试样在破裂时的能量大于破裂前，破裂前的能量大于破裂后，而且完整岩样各阶段能量均大于含孔洞岩样对应阶段能量，含孔洞岩样各阶段能量均大于完整煤样对应阶段能量，完整煤样各阶段能量均大于含孔洞煤样对应阶段能量。通过对含孔洞煤岩样的损伤破裂及声发射时空演化规律进行对比分析，从震源破裂面滑动分布深入了解孔洞煤岩样破裂的规律，含孔洞煤岩样与煤岩样一样发生冲击破裂，只是冲击破裂形式不同。研究为煤矿冲击地压的防治进一步打下了理论基础，而且为下一步震源的分析提供了波形数据。

（2）ω^2 模型可以很好地适用于小尺度破裂和煤矿微震震源参数的计算，但是 ω^3 模型对小尺度破裂和煤矿微震震源参数计算的适用性较差。

（3）实验室煤岩试样破裂的震源参数 f_0 和 σ_a 随 M_0 的增加而线性减小，震源参数 R 和 E 随 M_0 的增加而线性增加，$\Delta\sigma$ 整体上围绕着某一个值上下波动。

5 煤矿微震震源参数分析

　　根据辽宁省地震局的记录,2017 年辽宁省发生了 5 次 $M \geqslant 2.0$ 级的微震,其中 4 次是明确识别的矿井地震。老虎台煤矿发生的微震,对工人安全和矿山生产造成了严重的影响,对当地人口和经济造成潜在的严重后果。虽然通常情况下可以记录和定位采矿诱发的地震(冲击地压),但仍然缺乏对此类事件的震源参数研究,需要根据这些微震事件震源谱遵循的震源模型,来理解和量化震源参数并揭示震源性质,为该矿微震震源的破裂过程的研究和微震危险性的评估打下理论基础,以确保采矿作业的安全。

　　与实验室小尺度煤岩试样破裂震源参数求取过程一样的,首先基于 ω^2 模型拟合带通滤波处理后的频谱,然后采用网格搜索法反演出部分震源参数(拐角频率 f_0、品质衰减因子 Q),最后基于相关理论和公式求取剩余震源参数(震源半径 R、能量 E、应力降 $\Delta\sigma$ 和视应力 σ_a)和震级(局部震级 M_L 和矩震级 M_W),并分析了各个震源参数与地震矩 M_0 以及局部震级 M_L 和矩震级 M_W 之间的关系。

5.1 老虎台煤矿微震事件的基本特征

　　由于 2012 年 5 月老虎台煤矿微震事件次数较多,微震能量范围较广,因此选取了该月微震事件作为分析对象。2012 年 5 月老虎台煤矿布置了 16 个台站,监测到 103 次微震事件。大部分微震发生在结构和工作面附近,并且出现了微震事件局部聚集现象。微震事件的数量与工作面开采强度直接相关,根据老虎台煤矿开采记录,2012 年 5 月,58008、63005 工作面正在开采,55002、73004 工作面尚未开采,58008 和 63005 工作面微震较多,55002 和 73004 工作面微震较少。此外,该月 63005 工作面的产量大于 58008 工作面,相应地,

63005 工作面上的事件也相对较多。通过对老虎台煤矿开采情况的分析和记录,可知微震事件次数与煤炭产量(开采强度)呈正相关关系。随着煤炭产量的增加,微震发生次数基本增加,且多数微震发生位置随着开采位置的增加而逐渐移动。

5.2 老虎台煤矿微震震源参数的求取

5.2.1 基于 ω^2 模型的震源谱分析

(1)带通滤波处理波形

基于 4.1 节带通滤波的原理和老虎台煤矿微震事件破裂的频率范围,在对老虎台煤矿微震波形带通滤波的范围进行反复实验的基础上,本文选取较低的截止频率 $f_1 = 1$ Hz 和较高的截止频率 $f_2 = 200$ Hz 进行滤波。微震事件的带通滤波处理如图 5-1 所示。

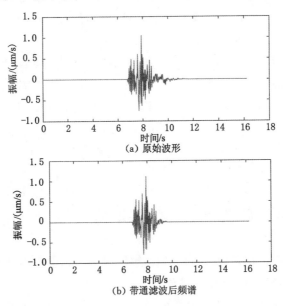

(a)原始波形

(b)带通滤波后频谱

图 5-1　波形的带通滤波处理

通过图 5-1 可以看出,基于选择的截止频率,带通滤波可以对老虎台煤矿微震事件波形进行有效的滤波处理。

（2）拐角频率 f_0、拐角频谱 Ω_0 以及品质衰减因子 Q 的求取

与对实验室小尺度煤岩试样破裂震源参数的求取步骤一样,在对带通滤波后的波形进行傅立叶变换的基础上,首先用 ω^2 源模型对 P 波频谱进行拟合,同时校正路径品质衰减因子 Q,拐角振幅 Ω_0 和拐角频率 f_0,然后通过最小化观测谱与模拟谱的对数差的 L_2 范数,得到每个地震的初始模型拟合,并使用与频率成反比的权重来均衡整个对数频谱中所有频率测量的影响,最后应用网格搜索法确定基于初始模型估计的最佳拟合谱参数。随机选取了三个不同震级事件频谱分析过程。结果如图 5-2、图 5-3 和图 5-4 所示。

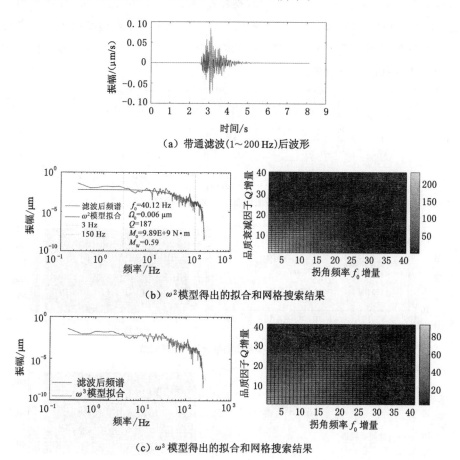

（a）带通滤波(1~200 Hz)后波形

（b）ω^2 模型得出的拟合和网格搜索结果

（c）ω^3 模型得出的拟合和网格搜索结果

图 5-2　微震事件 1205020942 的波形数据分析

图 5-2 是对 1205020942 微震事件（$M_w = 0.57$）的分析。从图 5-2（b）可以

看出，ω^2 模型可以很好地对震源谱进行拟合。根据 ω^2 模型拟合和网格搜索得出的相关参数为：拐角频率 $f_0=40.12$ Hz，拐角振幅 $\Omega_0=0.006$ μm，品质衰减因子 $Q=187$。而且进一步通过图 5-2(c) 可以看出，ω^3 模型也可以对老虎台煤矿微震震源谱进行不错的拟合，虽然拟合效果仍不如 ω^2 模型，但比对实验室煤岩试样的拟合效果好。

图 5-3 是对 1205291456 事件（$M_W=1.01$）的分析。从图 5-3(b) 可以看出，ω^2 模型可以很好地对震源谱进行拟合。根据 ω^2 模型拟合和网格搜索得出的相关参数为：拐角频率 $f_0=22.64$ Hz，拐角振幅 $\Omega_0=0.023$ μm，品质衰减因子 $Q=173$。同图 5-2 一样，进一步分析图 5-3(c) 可以看出，ω^3 模型也可以对老虎台煤矿微震震源谱进行不错的拟合，虽然拟合效果仍不如 ω^2 模型，但要比对实验室煤岩试样的拟合效果好。

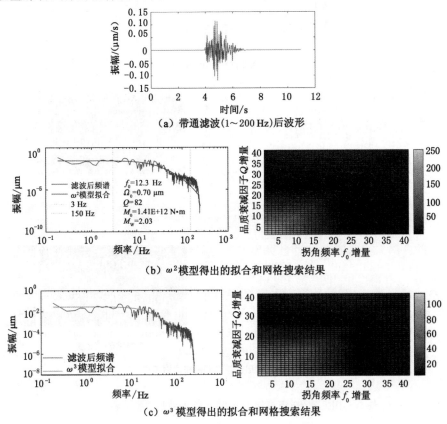

（a）带通滤波（1～200 Hz）后波形

（b）ω^2 模型得出的拟合和网格搜索结果

（c）ω^3 模型得出的拟合和网格搜索结果

图 5-3　微震事件 1205291456 的波形数据分析

　　图 5-4 是对 1205202016 事件(M_W ＝2.08)的分析。从图 5-4(b)可以看出，ω^2 模型可以很好地对震源谱进行拟合。根据 ω^2 模型拟合和网格搜索得出的相关参数为：拐角频率 f_0 ＝12.31 Hz，拐角振幅 Ω_0 ＝0.70 μm，品质衰减因子 Q ＝82。进一步通过图 5-4(c)可以看出，ω^3 模型也可以对老虎台煤矿微震震源谱进行不错的拟合，虽然拟合效果仍不如 ω^2 模型，但比对实验室煤岩试样的拟合效果好。

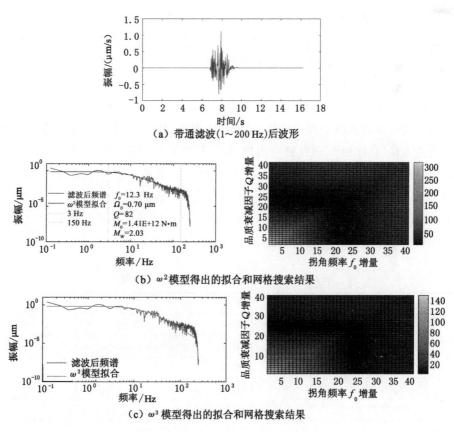

（a）带通滤波(1～200 Hz)后波形

（b）ω^2 模型得出的拟合和网格搜索结果

（c）ω^3 模型得出的拟合和网格搜索结果

图 5-4　微震事件 1205202016 的波形数据分析

　　以上分析都表明，ω^2 模型非常适用于老虎台煤矿微震震源谱的拟合分析，并且通过 ω^2 模型拟合和网格搜索法，能够迅速精确地求取出拐角频率 f_0、拐角频谱 Ω_0 和品质衰减因子 Q 这三个参数。

5.2.2 震源参数和震级的求取

（1）系数 k 的分析

基于求取的拐角频率 f_0、拐角振幅 Ω_0 和品质衰减因子 Q，计算以下震源参数：地震矩 M_0[27]、震源半径 R、应力降 $\Delta\sigma$、视应力 σ_a[29,89-90,93-94,98,101] 和地震能量 E[91]。

在时域中，同样基于式（4-28）和式（4-32）计算了 P 波的地震矩 M_0[27] 和地震能量 E[91]。在老虎台煤矿震源参数的计算中，密度 $\rho=2.6$ g/cm³，P 波速度 $v=3.5$ km/s，r 同样为震源到台站的距离，$\langle F\rangle$ 同样为 P 波平均辐射花样项 0.52，F 同样为辐射花样校正项[27]。

根据 P 波位移脉冲的宽度，通过假定破裂持续时间等于脉冲宽度的一半，并假定具有破裂速度的圆形破裂，通过理论方程（4-29）[29]计算震源半径 R。根据理论方程（4-31）[29]，来计算应力降 $\Delta\sigma$。参数 k 根据谱的类型被估计为不同的值，基于 4.1 节的相关分析，Brune[89]给出了 P 波的 k 值 0.50；Madariaga[90]给出了 P 波的 k 值 0.33；Kaneko 和 Shearer[93-94]给出了 P 波的 k 值 0.38 和 0.29；Huang 等[98]给出了 P 波的 k 值 0.25。用 k 的相关值来计算 R 和 $\Delta\sigma$，然后比较相关结果，结果如表 5-1 所示。

表 5-1 基于 k 的不同值的 R 和 $\Delta\sigma$ 的比较

k	R/m	$\Delta\sigma/\text{MPa}$
0.50[89]	71.61	0.048
0.38[93-94]	54.42	0.112
0.33[90]	47.26	0.170
0.29[93-94]	41.54	0.251
0.25[98]	35.81	0.392

从表 5-1 可以看出，k 的值确实对 R 和 $\Delta\sigma$ 的值有很大影响。结合老虎台煤矿微震资料的实际震源半径及相关研究，最终决定采用 $k=1/3$ 的数值来计算的震源半径 R 和应力降 $\Delta\sigma$。视应力 σ_a 的计算与实验室煤岩的计算方法相同，根据剪切模量 $\mu=3.3\times10^4$ MPa 和求取的地震能量 E、地震矩 M_0 来计算。

（2）台站角度对拐角频率 f_0 方向性的影响

在对拐角频率 f_0 进行分析的过程中，发现对于同一微震事件，不同台站频

谱求取的拐角频率 f_0 值也有所不同。图 5-3、图 5-4 和图 5-5 中示例的拐角频率 f_0 是每个微震事件对应所有台站的拐角频率 f_0 中最大的一个。现在进一步求得每个微震事件对应所有台站的拐角频率 f_0 中最小的一个。根据重定位后的震源位置,进一步分析了台站角度对拐角频率 f_0 的影响,结果如图 5-5 和表 5-2 所示。

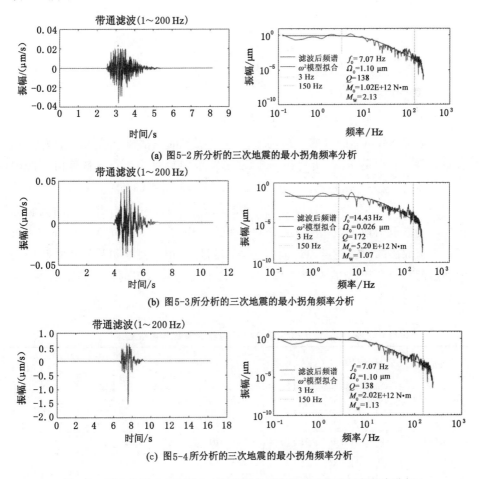

(a) 图5-2所分析的三次地震的最小拐角频率分析

(b) 图5-3所分析的三次地震的最小拐角频率分析

(c) 图5-4所分析的三次地震的最小拐角频率分析

图 5-5　图 5-2、图 5-3 和图 5-4 所分析的三次地震的最小拐角频率分析

从图 5-5 和表 5-2 中可以看出,震源频谱显示出强的方向性效应。断裂方向的台站具有较高的拐角频率,而远离断裂方向的台站具有较低的拐角频率。拐角频率随入射角的变化而变化,入射角与破裂方向相对应,这与由各站解析的有限源模型预测的视持续时间成反比。还发现,随着矩震级 M_W 的增加,对

拐角频率 f_0 的强方向性效应会变得越来越小。为了消除这种影响,使用平均方法得到最终的参数值。

表 5-2　三次不同震级地震拐角频率最大值与最小值的比较

事件	最大 f_0/Hz	最小 f_0/Hz
1205020942($M_{\mathrm{W}}=1.57$)	40.12	29.44
1205291456($M_{\mathrm{W}}=1.01$)	22.64	14.43
1205202016($M_{\mathrm{W}}=2.08$)	12.31	7.07

(3) 震级的求取

老虎台煤矿矩震级 M_{W} 的求取,同样采用公式(4-47)[202]。

在局部震级 M_{L} 的求取方面,根据 4.1 节提到的理论和公式,由于该煤矿只监测 P 波,M_{L} 计算公式 $M_{\mathrm{L}}=\lg A+Q_{\mathrm{d}}(\Delta)$[201] 中参数 $Q_{\mathrm{d}}(\Delta)$ 的精确值无法确定。因此,使用另外两种不同的方法[30]来计算局部震级(M_{L})。

公式(4-43) $M_{\mathrm{L}}=0.272\lg E+0.392\lg M_0-4.63$ 中 E 为求取出的地震能量,M_0 为求取的地震矩;公式(4-46)$M_{\mathrm{L}}=0.263\lg E+0.333\lg M_0-3.613$中 E 同样为求取出的地震能量,M_0 同样为求取的地震矩。根据相关的公式和公式中确定的相关参数,老虎台煤矿部分微震震源参数和震级的计算结果如表 5-3 所列。D 是从工作边坡到震源的距离。

表 5-3　重定位后部分事件的震源参数和震级结果

事件	M_{W}	M_0 /(N·m)	M_{L1}	M_{L2}	E/J	$\Delta\sigma$ /MPa	σ_{a} /MPa	R /m	f_0 /Hz	Q
1205100359	1.07	5.15E+10	1.02	1.36	2.13E+05	0.199	0.136	48.84	24	73
1205091854	0.63	1.12E+10	0.59	0.97	5.06E+04	0.141	0.149	33.00	35	99
1205090442	1.07	5.14E+10	0.91	1.25	8.70E+04	0.166	0.056	51.48	23	80
1205090259	0.98	3.81E+10	0.86	1.21	8.51E+04	0.163	0.074	46.86	25	207
1205082237	1.45	1.91E+11	1.32	1.62	4.28E+05	0.153	0.074	82.50	14	138
1205082237	0.76	1.76E+10	0.64	1.01	3.93E+04	0.220	0.074	33.00	35	99
1205082237	1.83	7.07E+11	1.76	2.02	2.61E+05	0.206	0.122	115.50	9	121
1205082111	1.14	6.43E+10	0.91	1.25	6.43E+04	0.238	0.033	49.50	23	86
1205082004	1.90	9.01E+11	1.80	2.05	2.48E+06	0.263	0.091	115.50	10	112

表 5-3(续)

事件	M_{W}	M_0 /(N·m)	M_{L1}	M_{L2}	E/J	$\Delta\sigma$ /MPa	σ_{a} /MPa	R /m	f_0 /Hz	Q
1205081757	0.82	2.15E+10	0.74	1.10	6.83E+04	0.172	0.105	38.28	30	93
1205081527	0.61	1.06E+10	0.36	0.75	7.90E+03	0.133	0.025	33.00	35	67
1205081133	1.29	1.10E+11	1.18	1.50	2.80E+05	0.157	0.084	67.98	17	107
1205080947	1.09	5.47E+10	0.94	1.28	9.89E+04	0.139	0.060	56.10	21	219
1205071355	0.89	2.71E+10	0.59	0.95	1.39E+04	0.097	0.017	50.16	23.	159
1205071341	0.76	1.76E+10	0.64	1.01	3.97E+04	0.026	0.074	67.32	17	99
1205070245	0.93	3.14E+10	0.80	1.15	6.56E+04	0.171	0.069	43.56	26	141
1205062254	0.88	2.66E+10	0.73	1.09	4.97E+04	0.120	0.062	45.54	25	44
1205061847	0.41	5.33E+09	0.33	0.74	1.69E+04	0.086	0.105	30.36	38	74
1205061815	0.92	3.09E+10	0.85	1.21	1.09E+05	0.161	0.116	44.22	26	69
1205061355	0.77	1.83E+10	0.62	0.99	3.12E+04	0.080	0.056	46.86	25	79
1205061149	0.79	1.96E+10	0.66	1.02	3.99E+04	0.142	0.067	39.60	29	66
1205060910	0.67	1.30E+10	0.53	0.91	2.53E+04	0.137	0.064	34.98	33	221
1205051634	0.30	3.61E+09	0.03	0.45	7.53E+03	0.046	0.069	33.00	35	133
1205050929	0.66	1.25E+10	0.55	0.93	2.99E+04	0.154	0.079	33.00	35	92
1205050927	1.18	7.47E+10	1.07	1.39	1.85E+05	0.256	0.082	50.82	23	82
1205050410	0.82	2.15E+10	0.68	1.04	4.18E+04	0.156	0.064	39.60	29	259
1205050307	0.66	1.24E+10	0.64	1.02	6.93E+04	0.130	0.184	34.98	33	91
1205041424	0.91	2.90E+10	0.77	1.13	5.97E+04	0.096	0.068	51.48	23	149
1205040618	1.70	4.54E+11	1.57	1.85	1.01E+06	0.548	0.073	71.94	16	224
1205040414	1.23	8.88E+10	1.10	1.44	2.15E+05	0.234	0.080	55.44	21	166
1205040229	1.02	4.36E+10	0.91	1.25	1.05E+05	0.315	0.079	39.60	29	152
1205020942	0.57	9.22E+09	0.44	0.83	1.93E+04	0.123	0.069	32.34	36	217

　　从表 5-3 中可以看出,重新定位后矩震级 M_{W} 的范围为 0.30～1.90,此时震源参数地震矩 M_0 的范围为 3.61E+09～9.01E+11 N·m,震源能量 E 的范围为 7.53E+03～2.61E+06 J,应力降 $\Delta\sigma$ 的范围为 0.026～0.548 MPa,视应力 σ_{a} 的范围为 0.025～0.184 MPa,震源半径 R 的范围为 30.36～115.50 m,拐角频率 f_0 的范围为 9～38 Hz,品质衰减因子 Q 的范围为 44～259。局部震级 M_{L1} 范围为 0.03～1.99,局部震级 M_{L2} 范围为 0.45～2.05。进一步与表 5-4 基

于原始震源位置求取的震源参数和震级结果对比,来分析震源位置对各个震源参数的影响。

表 5-4　基于原始震源位置的老虎台煤矿部分事件的震源参数和震级结果

事件	D/m	M_W	M_0 /(N·m)	M_{L1}	M_{L2}	E/J	$\Delta\sigma$ /MPa	σ_a /MPa	R /m	f_0 /Hz	Q
1205100359	15	1.06	4.90E+10	1.00	1.34	1.93E+05	0.183	0.13	48.84	24	76
1205091854	84	0.62	1.08E+10	0.57	0.96	4.68E+04	0.137	0.14	33.00	35	81
1205090442	84	1.07	5.19E+10	0.92	1.26	8.88E+04	0.168	0.06	51.48	23	103
1205090259	51	0.99	3.85E+10	0.86	1.21	8.68E+04	0.165	0.07	46.86	25	180
1205082237	217	1.44	1.87E+11	1.32	1.62	4.11E+05	0.147	0.07	82.50	14	106
1205082237	175	0.76	1.74E+10	0.63	1.00	3.85E+04	0.214	0.07	33.00	35	91
1205082237	212	1.82	6.93E+11	1.75	2.01	2.51E+06	0.200	0.12	115.50	9	213
1205082111	214	1.12	6.12E+10	0.89	1.23	5.83E+04	0.225	0.03	49.50	23	125
1205082004	202	1.87	8.11E+11	1.75	2.01	2.01E+06	0.232	0.08	115.50	10	130
1205081757	215	0.81	2.11E+10	0.73	1.09	6.56E+04	0.165	0.10	38.28	30	112
1205081527	99	0.61	1.05E+10	0.36	0.75	7.74E+03	0.130	0.02	33.00	35	70
1205081133	54	1.30	1.13E+11	1.19	1.51	2.98E+05	0.158	0.09	67.98	17	88
1205080947	92	1.09	5.58E+10	0.95	1.28	1.03E+05	0.140	0.06	56.10	21	281
1205071355	95	0.88	2.66E+10	0.58	0.94	1.34E+04	0.095	0.02	50.16	23.	138
1205071341	130	0.75	1.71E+10	0.62	1.00	3.74E+04	0.025	0.07	67.32	17	76
1205070245	30	0.93	3.11E+10	0.79	1.15	6.43E+04	0.165	0.07	43.56	26	129
1205062254	72	0.88	2.71E+10	0.74	1.10	5.17E+04	0.123	0.06	45.54	25	77
1205061847	149	0.42	5.38E+09	0.34	0.741	1.72E+04	0.084	0.11	30.36	38	107
1205061815	185	0.92	3.03E+10	0.84	1.20	1.05E+05	0.154	0.11	44.22	26	80
1205061355	119	0.76	1.78E+10	0.60	0.98	2.94E+04	0.053	0.05	46.86	25	95
1205061149	13	0.79	1.94E+10	0.65	1.02	3.91E+04	0.140	0.07	39.60	29	69
1205060910	43	0.68	1.33E+10	0.54	0.92	2.63E+04	0.140	0.07	34.98	33	181
1205051634	19	0.30	3.61E+09	0.03	0.45	7.53E+03	0.046	0.07	33.00	35	170
1205050929	218	0.66	1.25E+10	0.55	0.93	2.99E+04	0.154	0.08	33.00	35	80
1205050927	92	1.17	7.32E+10	1.06	1.39	1.78E+05	0.249	0.08	50.82	23	63
1205050410	171	0.82	2.17E+10	0.69	1.05	4.26E+04	0.158	0.06	39.60	29	238
1205050307	54	0.66	1.24E+10	0.64	1.02	6.93E+04	0.130	0.18	34.98	33	160

表 5-4(续)

事件	D/m	M_w	M_0 /(N·m)	M_{L1}	M_{L2}	E/J	$\Delta\sigma$ /MPa	σ_a /MPa	R /m	f_0 /Hz	Q
1205041424	21	0.91	2.96E+10	0.78	1.13	6.20E+04	0.098	0.07	51.48	23	216
1205040618	110	1.69	4.41E+11	1.56	1.84	9.51E+05	0.527	0.07	71.94	16	260
1205040414	140	1.22	8.62E+10	1.10	1.42	2.03E+05	0.186	0.08	55.44	21	200
1205040229	19	1.02	4.27E+10	0.90	1.24	1.01E+05	0.312	0.08	39.60	29	158
1205020942	59	0.57	9.20E+09	0.44	0.83	1.92E+04	0.123	0.07	32.34	36	178

从表 5-4 可以看出老虎台煤矿微震事件矩震级 M_w 的范围在 $0.30\sim1.87$ 时,地震矩 M_0 的范围为 $3.61E+09\sim8.11E+11$ N·m,地震能量 E 的范围为 $7.53E+03\sim2.51E+06$ J,应力降 $\Delta\sigma$ 的范围为 $0.025\sim0.527$ MPa,视应力 σ_a 的范围为 $0.02\sim0.18$ MPa,震源半径 R 的范围为 $30.36\sim115.50$ m,拐角频率 f_0 的范围为 $9\sim38$ Hz,品质衰减因子 Q 的范围为 $51\sim281$,局部震级 M_{L1} 范围为 $0.03\sim1.75$,局部震级 M_{L2} 范围为 $0.45\sim2.01$。与震源校正前的震源参数对比分析,可以进一步看出,校正后的震源位置对部分事件的震源参数有显著的影响。但从整体上看,由于震源位置的变化,导致震源到台站的传播路径发生改变,因此对品质衰减因子 Q 的影响最为显著,对其他震源参数的影响不太明显。

5.3　震源参数与地震矩的关系分析

根据计算的震源参数,进一步分析了拐角频率 f_0、震源半径 R、应力降 $\Delta\sigma$、视应力 σ_a、地震能量 E 与地震矩 M_0 的关系,结果如图 5-6 所示。

从图 5-6 中可以看出,拐角频率 f_0 与地震矩 M_0 基本满足 $y=-0.25x+4.01$ 的线性关系;震源半径 R 与地震矩 M_0 满足 $y=0.25x-0.92$ 的线性关系;震源能量 E 与地震矩 M_0 满足 $y=1.07x-6.40$ 的关系;应力降 $\Delta\sigma$ 与地震矩 M_0 基本满足 $y=0.26x-3.58$ 的关系,但是线性关系很弱;视应力 σ_a 围绕着某一个值上下波动。与天然地震的情况对比可以看出,老虎台煤矿微震的 f_0 和 $\Delta\sigma$ 值明显小于天然地震对应参数的值。通过分析出的老虎台煤矿微震破裂各个震源参数与地震矩(矩震级)的关系,可以对老虎台煤矿微震的震源大小和范围应力状态等震源性质进行系统准确的评估。

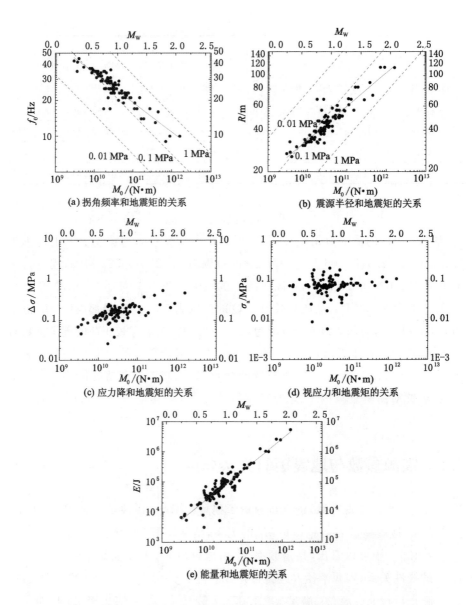

图 5-6　震源参数(角频率 f_0、震源半径 R、应力降 $\Delta\sigma$、

视应力 σ_a 和地震能量 E)与地震矩 M_0 的关系

　　然后,分析:① 累计震源参数与微震事件数量的关系,② 累计震源参数与工作斜坡到震源的距离之间的关系,结果分别如图 5-7 和图 5-8 所示。

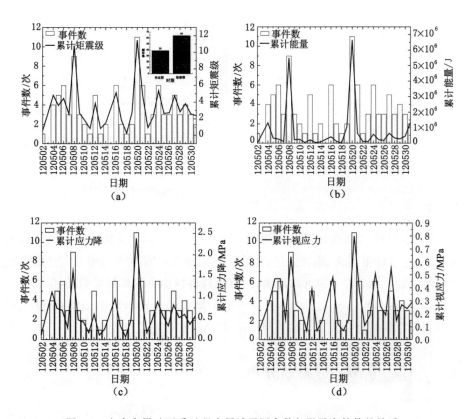

图 5-7　老虎台煤矿开采过程中累计震源参数与微震事件数的关系

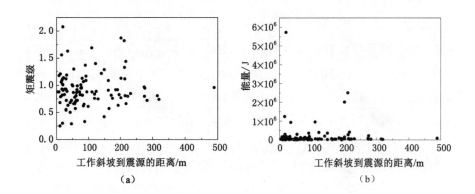

图 5-8　震源参数与从工作斜坡到震源的距离之间的关系

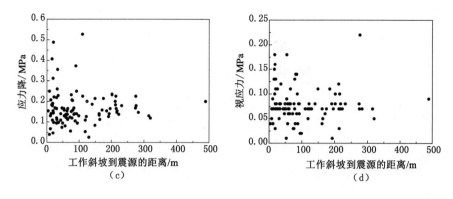

图 5-8 （续）

从图 5-7 中可以看出,累计震源参数与老虎台煤矿开采期间记录的事件数量成正比,累计矩震级、累计能量、累计应力降和累计视应力均随着记录次数的增加而增加。从图 5-8 中可以看出,所有事件都发生在工作斜坡附近,但相关参数(M_w、E、$\Delta\sigma$ 和 σ_a)与工作斜坡到震源的距离之间也没有明确的关系,从工作斜坡到震源的所有距离都可以看到 M_w、E、$\Delta\sigma$ 和 σ_a 的范围变化。

5.4 M_W 与 M_L 的关系分析

根据求取的老虎台煤矿矩震级 M_w 和局部震级 M_L,分析 M_w 与两种不同计算方法求取的 M_L 之间的关系,如图 5-9 所示。

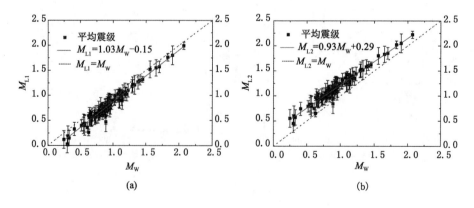

图 5-9 M_W 与两种计算方法求取的 M_L 之间的关系

图 5-9 中(a)是 M_{L1} 和 M_W 之间的关系，M_{L1} 是通过方程(4-43)计算的；(b)是 M_{L2} 和 M_W 之间的关系，M_{L2} 是通过方程(4-46)计算的。从图中可以看出，两种方法计算的老虎台煤矿的局部震级 M_L 都与矩震级 M_W 呈线性关系：M_{L1} 值 $0.03 \sim 1.99$，M_W 值 $0.25 \sim 2.07$，$M_{L1} = 1.03M_W \sim 0.15$；$M_{L2}$ 值 $0.45 \sim 2.22$，M_W 值 $0.25 \sim 2.07$，$M_{L2} = 0.93M_W + 0.28$。M_{L1} 和 M_W 之间的间隙小于 M_{L2} 和 M_W 之间的间隙，表明第一种方法可以较好地用于计算 M_L，以获得更精确的结果。

5.5 本章小结

(1) ω^2 模型对老虎台煤矿微震震源谱的拟合性高，但是 ω^3 模型对老虎台煤矿微震震源谱的拟合性较差。老虎台煤矿微震事件矩震级 M_W 的范围在 $0.25 \sim 2.08$ 时，地震矩 M_0 的范围为 $2.97E+09 \sim 1.66E+12$ N·m，地震能量 E 的范围为 $3.10E+03 \sim 5.72E+06$ J，应力降 $\Delta\sigma$ 的范围为 $0.025 \sim 0.527$ MPa，视应力 σ_a 的范围为 $0.01 \sim 0.22$ MPa，震源半径 R 的范围为 $25.74 \sim 115.50$ m，拐角频率 f_0 的范围为 $9 \sim 45$ Hz，品质衰减因子 Q 的范围为 $51 \sim 281$，局部震级 M_{L1} 范围为 $0.03 \sim 2.00$，局部震级 M_{L2} 范围为 $0.45 \sim 2.23$。

(2) 老虎台煤矿微震的震源参数 f_0 随 M_0 的增加而线性减小，震源参数 R、E 和 $\Delta\sigma$ 随 M_0 的增加而线性增加，但是 $\Delta\sigma$ 与 M_0 的线性关系较弱，σ_a 整体上围绕某一值上下波动，老虎台煤矿微震的震源参数特征与实验室小尺度煤岩试样破裂的震源参数特征存在一定的不同，而且老虎台煤矿微震的震源参数 f_0 和 $\Delta\sigma$ 值明显小于天然地震对应震源参数的值。

(3) 两种方法计算的老虎台煤矿的局部震级 M_L 都与矩震级 M_W 呈线性关系：M_{L1} 值 $0.03 \sim 1.99$，M_W 值 $0.25 \sim 2.07$，$M_{L1} = 1.03M_W - 0.15$；M_{L2} 值 $0.45 \sim 2.22$，M_W 值 $0.25 \sim 2.07$，$M_{L2} = 0.93M_W + 0.28$。M_{L1} 和 M_W 之间的间隙小于 M_{L2} 和 M_W 之间的间隙，表明第一种方法可以较好地用于计算 M_L，以获得更精确的局部震级结果。通过系统地分析震源参数和震级，可以对震源的大小和应力状态等震源性质进行全面系统评估；进一步通过各个震源参数与地震矩的关系，可以分析出各个震级范围对应的震源参数范围，为未来发生微震迅速准确地评估震源参数打下基础。

6 小尺度破裂和煤矿微震的震源机制解和破裂面上滑动分布研究

6.1 矩张量反演震源机制解

6.1.1 震源机制的相关理论

震源机制描述了破裂的方向和破裂相对于地理坐标系的滑动。当震源位置和震级已知时,震源机制是需要去确定的最重要参数,它用于确定破裂的实际几何形状以及推断特定区域的破裂样式和应力状态。

6.1.1.1 断层几何学

假定地震发生在平面上,地震可以被描述为该平面上的滑动。实际上,地震破裂是相当复杂的,但大多数破裂可以用这种简单的方式来描述。在此假设下,可以用破裂面的方向(走向和倾角)和沿破裂面的滑动方向来描述地震,见图 6-1[191]。

图 6-1 中破裂方位由破裂的倾角 δ($0°\sim90°$)和沿北向顺时针测量的走向 φ($0°\sim360°$)确定。破裂面的运动方向由滑动矢量 $\boldsymbol{d}$ 给出,它是上盘相对于下盘运动的滑动方向和滑动量。滑动定义为在断层面中沿走向 x_1 逆时针测量的滑动角 λ($-180°\sim180°$)。破裂面的标准矢量是 $\boldsymbol{n}$。

因此,地震破裂面的几何形状可以用走向、倾角和滑动角 3 个参数来描述。在图 6-1 这个坐标系中,x_1 为走向,x_2 垂直于 x_1,x_3 向上。沿北顺时针方向测量走向,倾角在断层平面上沿走向逆时针测量,在 x_2 和破裂面之间测量滑动角。破裂和滑动方向可以指向许多不同的方向,而且相对于地球表面的方向有不同的命名,见图 6-2[191]。大多数断层是图 6-1 中例子的组合,它可以被标记

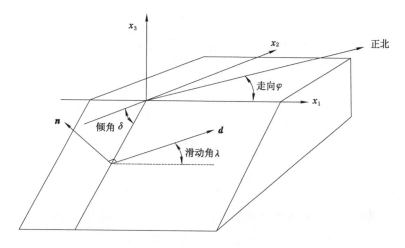

图 6-1　地震断层几何学

为具有走滑分量的反倾滑断层或逆冲断层,这种断层称为斜滑断层。

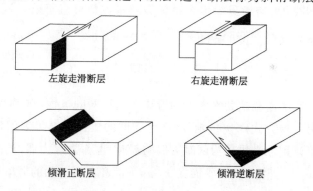

图 6-2　不同方位的断层相对于地表和对应的名称使用

6.1.1.2　震源辐射

当断层滑动时,断层两侧向相反方向移动,这将在不同的方向上产生不同极性的第一运动 P(图 6-3)[191]。平坦地球的表面被分成 4 个象限,每个象限具有不同的第一运动极性。如果断层的一侧向台站移动,则第一运动称为压缩(C),如果它离开台站,则称为扩张(D)。在垂直分量传感器上,这将分别对应于向上或向下的运动。

图 6-3 中,断层面的两个箭头表示断层面的相对滑动方向。辅助平面上的两个箭头显示了给出相同地震图的运动。箭头也可以被认为是驱动运动的力,无论是在断层平面还是在辅助平面,用箭头表示断层的运动。底层力的辐射可

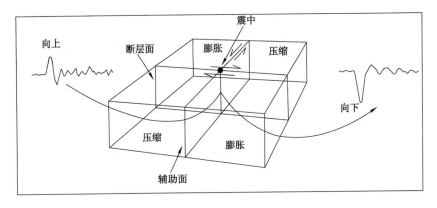

图 6-3　对于走滑断层 P 在不同方向上相对于断层面的第一次运动

以用力偶来描述,见图 6-4。

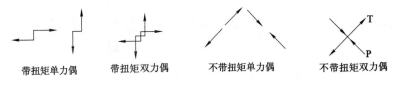

带扭矩单力偶　　带扭矩双力偶　　不带扭矩单力偶　　不带扭矩双力偶

图 6-4　力偶类型

　　由于在断层平面和辅助平面上的滑移产生相同的极性,在辅助平面上的另一个力偶以另一种方式产生扭矩,将产生相同的极性。结果表明,断层发出的辐射波振幅可以用数学描述为两对力偶的辐射,也称为双力偶,见图 6-5。考虑到断层面在 x_1-x_2 平面、辅助平面在 x_2-x_3 平面和左侧运动的简单几何形状,震源在径向上的归一化 P 波振幅变化 u_r 在球坐标系下可以被表示为:

$$u_r = \frac{\sin 2\theta \cos \varphi}{4\pi\rho v_p^3} \tag{6-1}$$

式中,角度 θ 和 φ 的定义见图 6-5,ρ 是密度,v_p 是 P 波速度。

　　对于 SH 波,表达式是:

$$u_\theta = \frac{\cos 2\theta \cos \varphi}{4\pi\rho v_S^3} \tag{6-2}$$

　　对于 SV 波:

$$u_\varphi = \frac{-\cos \theta \sin \varphi}{4\pi\rho v_S^3} \tag{6-3}$$

式中,v_S 是 S 波的速度。这些方程可以用来产生图 6-5 所示的辐射图。结果表明,S 波振幅与 P 波振幅的比值在理论上为 $(v_p/v_s)^3 \approx 5$,这与 S 波振幅远大于 P 波振幅的实际观测值是一致的。

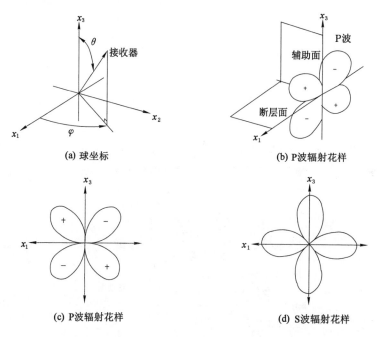

(a) 球坐标

(b) P波辐射花样

(c) P波辐射花样

(d) S波辐射花样

图 6-5 x_1-x_2 平面中的双力偶源的辐射图

图 6-5 中,(a)为球坐标系,(b)和(c)为 P 波辐射花样,(d)为 S 波辐射花样。对于 P 波,在断层平面和辅助平面的振幅为零,它们被称为节点平面。S 波没有节点平面,但振幅沿 x_2 轴为零。

没有地震矩的力称为偶极子。两个双力偶(中间和右边)产生相同的远场位移,并且可以用数学描述破裂运动。震源机制的一个重要用途是确定地球上的应力方向。在非应力介质中,可以讨论压缩方向 P 和拉伸方向 T。

6.1.1.3 实践中的断层面解

为了了在二维上显示断层面,使用了焦球的概念(图 6-6)。

图 6-6 中,入射角 i_1 是射线离开地震焦点的角度,入射角 i_2 是从垂直方向测量的角度。震源球的原理是观察地震在震源中心小球体表面上的运动。然后将球体表面分成 4 个具有膨胀和压缩的象限,可以观察到两个可能的破裂面的位置(见图 6-7)。

由于在球面上分析比较困难,其中一个半球可以用赤平投影在纸上画出

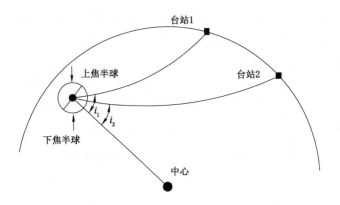

图 6-6　焦点球是以震源为中心的小球体

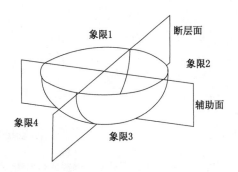

图 6-7　切割焦点球分为 4 个部分（下焦半球）

来。考虑到大多数观测是在下焦球上，并且由于对称性，上焦球上的观测可以转移到下焦球上，下焦球主要用于投影。图 6-8 显示了一些不同类型的断层在赤平投影上如何出现的示例。

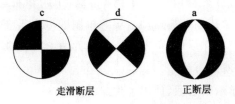

图 6-8　简单的震源机制解例子

6.1.2　矩张量反演

6.1.2.1　矩张量理论

断层平面解是由一对双力偶描述的，而双力偶被计算为来自两对单力偶的辐射之和。地震震源可能比一对双力偶还要复杂。大多数震源的辐射可以用 9 对力的组合来描述,见图 6-9,其中 3 对是沿坐标轴的力偶极子,另外 6 对力偶极子可以分成 3 对双力偶极子,每一对在一个坐标平面上。

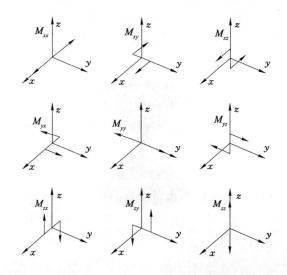

图 6-9　9 对力表示地震矩张量

图 6-9 中 M_{xy} 是 xy 平面上作用在 x 轴方向的力偶。所有的力偶都表现出同样的强度。将使用 x、y 和 z 分别对应于北部、西部和上部。

在张量中组织信息是一种优势,就是所谓的矩张量:

$$\boldsymbol{M} = \begin{Bmatrix} M_{xx} & M_{xy} & M_{xz} \\ M_{yx} & M_{yy} & M_{yz} \\ M_{zx} & M_{zy} & M_{zz} \end{Bmatrix} \tag{6-4}$$

式中,地震矩张量分量是 9 对力偶,地震矩张量的标量地震矩 M_0 是:

$$M_0 = \sqrt{\sum_{ij} \boldsymbol{M}_{ij}^2} / \sqrt{2} \tag{6-5}$$

$$\boldsymbol{M} = \begin{Bmatrix} 0 & M_{xy} & 0 \\ M_{xy} & 0 & 0 \\ 0 & 0 & 0 \end{Bmatrix} = M_0 \begin{Bmatrix} 0 & 1 & 0 \\ 1 & 0 & 0 \\ 0 & 0 & 0 \end{Bmatrix} \tag{6-6}$$

由于力偶在坐标平面上,地震矩张量是对称的,因此只有 6 个独立的地震矩张量元素。震源只能用 xy 平面上一对具有地震矩 M_0 的双力偶来解释,地震矩张量对于其他两个平面的断层是相似的,$M_{xy} = M_{yx}$。由于地震矩张量是对

称的,地震矩张量可以用对角线矩阵表示,然后式(6-6)可以旋转并变成:

$$\boldsymbol{M} = M_0 \begin{Bmatrix} 1 & 0 & 0 \\ 0 & -1 & 0 \\ 0 & 0 & 0 \end{Bmatrix} \tag{6-7}$$

从图 6-9 和图 6-5 中可以看到力,在这种情况下,仅仅表示 P 和 T 轴。对应的断层平面解如图 6-10 所示。

图 6-10　震源机制解

正如前面所演示的,地震可以用两个"剪切"力偶或一个张力偶和一个压缩力偶(两个偶极子)来模拟。对角线元素也可以表示体积的变化,如果 $M_{xx} = M_{yy} = M_{zz}$,有 3 个向外力的偶极子,它们模拟了爆炸。为了得到一个爆炸源,弯矩张量的迹必须与零不同。因此,对角线元素既可以表示双力偶,也可以表示爆炸,如下所示:

$$\boldsymbol{M} = M_0 \left\{ \begin{Bmatrix} 1 & 0 & 0 \\ 0 & -1 & 0 \\ 0 & 0 & 0 \end{Bmatrix} + \begin{Bmatrix} 1 & & \\ & 1 & \\ & & 1 \end{Bmatrix} \right\} = M_0 \begin{Bmatrix} 2 & & \\ & 0 & \\ & & 1 \end{Bmatrix} \tag{6-8}$$

表示双力偶的地震矩张量的部分(偏微分部分)将有零迹,而爆炸部分(各向同性部分)将有非零迹。这个性质将被用来分解地震矩张量。假设有一个偏矩张量,利用 $M_{xx} + M_{yy} + M_{zz} = 0$ 的性质,可以看出对角线元素只能分解成 2 对双力偶:

$$\boldsymbol{M} = \begin{Bmatrix} M_{xx} & 0 & 0 \\ 0 & M_{yy} & 0 \\ 0 & 0 & M_{zz} \end{Bmatrix} = \begin{Bmatrix} M_{xx} & 0 & 0 \\ 0 & -M_{xx} & 0 \\ 0 & 0 & 0 \end{Bmatrix} + \begin{Bmatrix} 0 & 0 & 0 \\ 0 & M_{zz} & 0 \\ 0 & 0 & -M_{zz} \end{Bmatrix} \tag{6-9}$$

因此一个地震矩张量可以用一个爆震源和 5 对双力偶来表示,而在地震矩张量用对角线张量表示的坐标系中,只需要两对双力偶和一个爆震源,如

图 6-11所示。

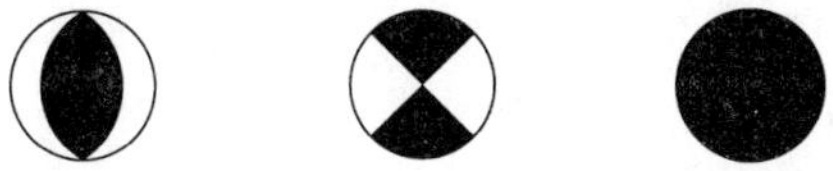

$$\begin{pmatrix}0&0&0\\0&-1&0\\0&0&1\end{pmatrix}\qquad\begin{pmatrix}1&0&0\\0&-1&0\\0&0&0\end{pmatrix}\qquad\begin{pmatrix}1&0&0\\0&1&0\\0&0&0\end{pmatrix}$$

图 6-11　断层面解和爆炸源表示矩张量分解成 2 个断层面解和一个爆炸源

通常，公式(6-1)要复杂得多，假设在均匀介质中，公式(6-1)可以写成[28]：

$$u_r = M_0 \cdot F(\varphi, \delta, \lambda, x, x_0) \cdot G \cdot A \cdot I \tag{6-10}$$

式中，M_0 是地震矩，G 是包括自由表面效应的几何扩展，I 是仪器效应，A 是滞弹性衰减引起的振幅效应。

利用地震矩张量可以把式(6-10)写成更好的形式：

$$u_r = G \cdot A \cdot I \cdot \boldsymbol{H} \cdot \boldsymbol{M} \tag{6-11}$$

其中 $\boldsymbol{H}$ 是矩阵形式的函数，它只依赖于给定源和接收器的已知参数。这是一个线性方程，原则上可以用线性方法求解矩张量，不需要网格搜索。因此，为了找到地震矩张量，至少有 6 个观测值，或者假设没有爆炸源$(M_{xx}+M_{yy}+M_{zz})=0$，则必须有 5 个观测值。现在用走向、倾角和滑动角的实际断层来解释矩张量。第一步是利用它是对角矩阵坐标系来简化矩张量：

$$\boldsymbol{M} = \left\{\begin{matrix} M_1 & 0 & 0 \\ 0 & M_2 & 0 \\ 0 & 0 & M_3 \end{matrix}\right\} \tag{6-12}$$

它可以被分解成许多不同的方式，上面已经描述了分解成两个双力偶和一个爆炸源。由于噪声、结构模型误差和复杂破裂的存在，这三种震源一般都是非零的。对于震源，反演是在常见的假设 $E=0$ 这个条件下完成的。得到的矩张量元素通常有一个大值和一个小值(假设是 M_3)。因此，一个常见的分解是分成两个双力偶，即一个大的双力偶和一个小的双力偶，如：

$$\boldsymbol{M} = \left\{\begin{matrix} M_1 & 0 & 0 \\ 0 & M_2 & 0 \\ 0 & 0 & M_3 \end{matrix}\right\} = \left\{\begin{matrix} M_1 & 0 & 0 \\ 0 & -M_1 & 0 \\ 0 & 0 & 0 \end{matrix}\right\} + \left\{\begin{matrix} 0 & 0 & 0 \\ 0 & -M_3 & 0 \\ 0 & 0 & M_3 \end{matrix}\right\} \tag{6-13}$$

非双力偶源的一种特殊情况是补偿线性向量偶极子(CLVD)，其中一对双力偶的强度是另一对双力偶强度的两倍：

$$M = \left\{ \begin{matrix} M_1 & 0 & 0 \\ 0 & -2M_1 & 0 \\ 0 & 0 & M_1 \end{matrix} \right\} = \left\{ \begin{matrix} M_1 & 0 & 0 \\ 0 & 0 & 0 \\ 0 & 0 & -M_1 \end{matrix} \right\} + \left\{ \begin{matrix} 0 & 0 & 0 \\ 0 & -2M_1 & 0 \\ 0 & 0 & 2M_1 \end{matrix} \right\}$$

$$(6\text{-}14)$$

6.1.2.2 矩张量反演

一般来说,矩张量反演的目的是建立一组这种形式的方程:

$$\text{观察结果} = GAIH(\text{已知参数})^* M \tag{6-15}$$

式中,已知参数为台站、震源位置以及包括衰减在内的地壳模型。这里 M 是地震矩张量。这可以简化为:

$$\text{观察结果} = GAIH^* m = G^* m \tag{6-16}$$

式中,m 是 6 个独立地震矩张量分量的矢量,矩阵 $G = GAIH$ 现在包含了 GAI 的影响。观察结果为:振幅,频谱水平,P 波地震图,表面波的地震图,完整波形的地震图。

使用前面描述的振幅和频谱水平建立 H 作为所使用的观测值的函数是最简单的方法。这种方法只使用了地震图中可用信息的有限部分,在这种情况下,反演往往限于一对双力偶。最先进和最完整的方法使是用部分或全部地震记录。

地震矩张量反演的主要方法是用部分或全部地震记录作为观测,H 表示地震记录的计算。弯矩张量包含断层几何形状和滑动方向,H 包含结构的影响。因此,H 中包含的地震记录是在台站观测到的信号,这些信号来自一个脉冲源时间函数(格林函数)。因此需要生成一个理论地震图,以便使用完整的地震图进行地震矩张量反演。G_{ij} 的元素现在可以被定义为理论地震记录对于 i 站的矩张量单元 m_j 和观测到的地震记录 u_i,给出了由格林函数和矩张量单元的向量 m_1 到 m_6 的线性组合:

$$\left\{ \begin{matrix} u_1 \\ u_2 \\ u_3 \\ u_4 \\ \vdots \\ u_n \end{matrix} \right\} = \left\{ \begin{matrix} G_{11} & G_{12} & G_{13} & G_{14} & G_{15} & G_{16} \\ G_{21} & G_{22} & G_{23} & G_{24} & G_{25} & G_{26} \\ G_{31} & G_{32} & G_{33} & G_{34} & G_{35} & G_{36} \\ G_{41} & G_{42} & G_{43} & G_{44} & G_{45} & G_{46} \\ \vdots & \vdots & \vdots & \vdots & \vdots & \vdots \\ G_{n1} & G_{n2} & G_{n3} & G_{n4} & G_{n5} & G_{n6} \end{matrix} \right\} \left\{ \begin{matrix} m_1 \\ m_2 \\ m_3 \\ m_4 \\ m_5 \\ m_6 \end{matrix} \right\} \tag{6-17}$$

或者以矩阵形式:

$$u = Gm \qquad\qquad (6-18)$$

数据向量 u 包含来自多个地震台站的 n 个观测到的地震图 u_i，通常每个地震图的样本数量相同，因此维数是所有地震图中的样本总数。核心矩阵 G 具有对应的格林函数（6 列）来表示所需的距离和假定的震源深度。格林函数的个数是 $6n$ 并且 G 中的行总数等于样本的总数。

m 的反演被表述为最小二乘问题。因此 m 被确定为在观测到的地震图和计算出的地震图之间提供最小的不匹配，至少需要 6 个地震图来反演 m。反演是针对单一深度进行的，但这样就可以计算出固定深度范围内的方差。进行地震矩张量反演需要：波形数据；仪器响应和台站位置；地震位置；速度模型（速度模型必须适用于在反演中使用的频率上对地震图进行建模）。

数据在进入实际反演之前需要进行处理。主要的数据处理步骤有：去掉线性趋势和均值，把信号变细。这是为仪器校正和滤波所做的准备工作；移除仪器响应，在传感器频率范围内计算位移或速度地震图；根据地震震级应用带通滤波器，需要滤波器将带宽限制在有用信号出现的范围内；抽取数据，通常为 1 sps，以减少用于反演的数据数量；将数据裁剪到包含感兴趣信号的所需时间窗口；将水平地震图旋转成径向和横向分量。

6.1.3 基于矩张量反演震源机制的应用

6.1.3.1 实验室煤岩试样破裂震源机制反演

根据矩张量反演震源机制解的原理，随机选取了 10 个实验室煤岩试样破裂来求取震源机制解，对应的矩张量、沙滩球和相关参数分别如图 6-12 以及表 6-1 所示。

通过图 6-12 和表 6-1 可以看出，矩张量较好地反演出实验室煤岩试样破裂的震源机制解：破裂事件（a）是剪切张拉破坏，其震源机制解为含走滑成分的正断层（斜滑断层）；事件（b）是剪切张拉破坏，其震源机制解为含走滑成分的正断层（斜滑断层）；事件（c）是剪切张拉破坏，其震源机制解为含走滑成分的正断层（斜滑断层）；事件（d）是剪切挤压破坏，其震源机制解为含走滑成分的逆断层（斜滑断层）；事件（e）是剪切挤压破坏，其震源机制解为含走滑成分的逆断层（斜滑断层）；事件（f）是剪切张拉破坏，其震源机制解为含走滑成分的正断层（斜滑断层）；事件（g）是剪切挤压破坏，其震源机制解为含走滑成分的逆断层（斜滑断层）；事件（h）是剪切挤压破坏，其震源机制解为含走滑成分的逆断层（斜滑断层）；事件（i）是剪切张拉破坏，其震源机制解为含走滑成分的正断层（斜

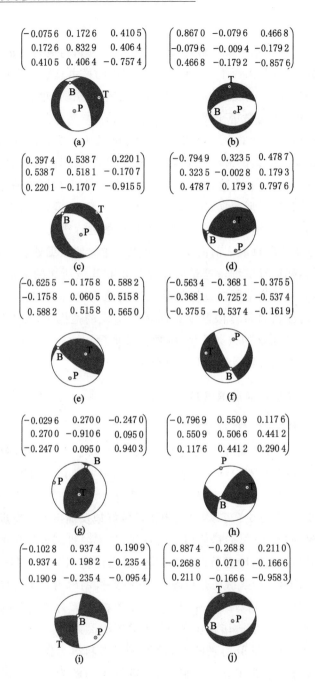

图 6-12　10 个实验室小尺度煤岩试样破裂的矩张量和震源机制沙滩球

滑断层);事件(j)是比较简单的剪切破坏,其震源机制解为正断层。通过矩张量反演出的震源机制解,深入地了解了实验室小尺度煤岩试样的破裂震源破裂模式和机理。

表 6-1　实验室煤岩试样破裂的震源机制参数

事件	地震矩/(N·m)	矩震级 M_W	节面 1			节面 2			震源类型
			走向 φ/(°)	倾角 δ/(°)	滑动角 λ/(°)	走向 φ/(°)	倾角 δ/(°)	滑动角 λ/(°)	
(a)	20.8	−6.19	189	33	−56	331	63	−120	剪切张拉
(b)	67.2	−4.85	257	60	−98	93	31	−76	剪切张拉
(c)	13.3	−4.65	302	48	−113	155	47	−66	剪切张拉
(d)	43.5	−4.98	231	36	57	88	60	111	剪切挤压
(e)	1.04	−6.06	125	72	106	262	24	50	剪切挤压
(f)	19.5	−4.54	153	83	−138	57	48	−9	剪切张拉
(g)	61.6	−4.93	208	51	106	54	42	110	剪切挤压
(h)	12.3	−4.68	110	66	157	210	69	26	剪切挤压
(i)	33.5	−5.05	276	75	−169	183	79	−15	剪切张拉
(j)	22.5	−6.17	79	38	−81	244	53	−99	剪切

6.1.3.2　老虎台煤矿震源机制反演

根据矩张量反演震源机制解的原理,选取了 10 个老虎台煤矿的微震事件来求取震源机制解,对应的矩张量、沙滩球和相关参数分别如图 6-13 以及表 6-2 所示。

通过图 6-13 和表 6-2 可以看出,矩张量较好地反演出了老虎台煤矿微震震源破裂的震源机制解:事件(a)是剪切挤压破坏,其震源机制解为含走滑成分的逆断层(斜滑断层);事件(b)是剪切张拉破坏,其震源机制解为含走滑成分的正断层(斜滑断层);事件(c)是剪切张拉破坏,其震源机制解为含走滑成分的正断层(斜滑断层);事件(d)是剪切挤压破坏,其震源机制解为含走滑成分的逆断层(斜滑断层);事件(e)是剪切张拉破坏,其震源机制解为含走滑成分的正断层(斜滑断层);事件(f)是剪切挤压破坏,其震源机制解为含走滑成分的逆断层(斜滑断层);事件(g)是剪切挤压破坏,其震源机制解为含走滑成分的逆断层(斜滑断层);事件(h)是比较简单的剪切破坏,其震源机制解为正断层;事件(i)

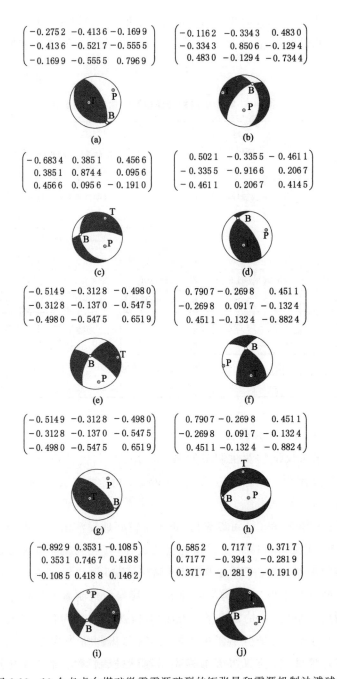

$$\begin{pmatrix} -0.2752 & -0.4136 & -0.1699 \\ -0.4136 & -0.5217 & -0.5555 \\ -0.1699 & -0.5555 & 0.7969 \end{pmatrix} \quad \begin{pmatrix} -0.1162 & -0.3343 & 0.4830 \\ -0.3343 & 0.8506 & -0.1294 \\ 0.4830 & -0.1294 & -0.7344 \end{pmatrix}$$

(a)　　　　　　　(b)

$$\begin{pmatrix} -0.6834 & 0.3851 & 0.4566 \\ 0.3851 & 0.8744 & 0.0956 \\ 0.4566 & 0.0956 & -0.1910 \end{pmatrix} \quad \begin{pmatrix} 0.5021 & -0.3355 & -0.4611 \\ -0.3355 & -0.9166 & 0.2067 \\ -0.4611 & 0.2067 & 0.4145 \end{pmatrix}$$

(c)　　　　　　　(d)

$$\begin{pmatrix} -0.5149 & -0.3128 & -0.4980 \\ -0.3128 & -0.1370 & -0.5475 \\ -0.4980 & -0.5475 & 0.6519 \end{pmatrix} \quad \begin{pmatrix} 0.7907 & -0.2698 & 0.4511 \\ -0.2698 & 0.0917 & -0.1324 \\ 0.4511 & -0.1324 & -0.8824 \end{pmatrix}$$

(e)　　　　　　　(f)

$$\begin{pmatrix} -0.5149 & -0.3128 & -0.4980 \\ -0.3128 & -0.1370 & -0.5475 \\ -0.4980 & -0.5475 & 0.6519 \end{pmatrix} \quad \begin{pmatrix} 0.7907 & -0.2698 & 0.4511 \\ -0.2698 & 0.0917 & -0.1324 \\ 0.4511 & -0.1324 & -0.8824 \end{pmatrix}$$

(g)　　　　　　　(h)

$$\begin{pmatrix} -0.8929 & 0.3531 & -0.1085 \\ 0.3531 & 0.7467 & 0.4188 \\ -0.1085 & 0.4188 & 0.1462 \end{pmatrix} \quad \begin{pmatrix} 0.5852 & 0.7177 & 0.3717 \\ 0.7177 & -0.3943 & -0.2819 \\ 0.3717 & -0.2819 & -0.1910 \end{pmatrix}$$

(i)　　　　　　　(j)

图 6-13　10 个老虎台煤矿微震震源破裂的矩张量和震源机制沙滩球

是剪切挤压破坏,其震源机制解为含走滑成分的逆断层(斜滑断层);事件(j)是剪切张拉破坏,其震源机制解为含走滑成分的正断层(斜滑断层)。老虎台煤矿开采活动会引起地质不连续面的滑动,产生区域内的动载荷作用,对自由面附近的节理面产生推动作用[28],从而造成岩体破坏,由于顶底板和煤层积聚大量弹性能[23],煤岩体破坏时会产生很大的冲击。通过矩张量反演出震源机制解,深入地了解老虎台煤矿震源的破裂模式和冲击地压机理。

表 6-2　老虎台煤矿微震的震源机制参数

事件	地震矩/ (N·m)	矩震级 M_w	节面 1			节面 2			震源 类型
			走向 φ /(°)	倾角 δ /(°)	滑动角 λ /(°)	走向 φ /(°)	倾角 δ /(°)	滑动角 λ /(°)	
(a)	2.77E+11	1.56	132	29	70	289	63	79	剪切挤压
(b)	3.60E+10	0.97	223	60	−58	351	43	−133	剪切张拉
(c)	1.58E+10	0.73	268	71	−124	152	38	−32	剪切张拉
(d)	2.30E+10	0.84	190	30	131	324	68	69	剪切挤压
(e)	5.73E+10	1.10	305	78	−152	209	63	−13	剪切张拉
(f)	9.20E+09	0.57	310	59	28	204	66	145	剪切挤压
(g)	1.46E+10	0.71	106	23	65	261	69	80	剪切挤压
(h)	1.50E+11	1.38	70	31	−92	250	59	−90	剪切
(i)	8.54E+09	0.55	121	65	169	216	80	25	剪切挤压
(j)	4.28E+10	1.02	256	78	−152	160	63	−13	剪切张拉

6.2　震源破裂尺度和平均滑动分析

震源破裂的几何参数主要包括破裂尺度(破裂长度、破裂宽度、破裂面积)以及破裂面上的平均滑动等参数[152]。破裂参数与对应的地震震级之间的关系对于实际目的很重要,因为当这些参数已知时(从地质观测中),这些关系可用于估计地震的震级、余震的空间分布等。

震中距一般被用来作为距离参数,但当无法忽略震源尺度的地面运动效应时,采用与震源尺度相关的距离参数(断层距、断层投影距等)更为合理,这时震级与震源尺度的关系就凸显出了它的重要性[164]。近年来国内外学者在这一领域已经进行了大量的研究[173-176]。

6.2.1 震源破裂尺度分析

6.2.1.1 地震破裂尺度及平均滑动与矩震级之间的理论关系式

基于地震学理论，Kanamori 和 Anderson[154]确定了地震矩与破裂面积之间的理论关系式：

$$\lg M_0 = 1.5\lg S + \lg \Delta\sigma + \lg C \tag{6-19}$$

其中，

$$C = \frac{16}{7\pi^{3/2}} \quad (\text{圆盘破裂})$$

$$= \frac{\pi}{2}\left(\frac{W}{L}\right)^{1/2} \quad (\text{走滑断层})$$

$$= \frac{\pi(\lambda+2\mu)}{4(\lambda+\mu)}\left(\frac{W}{L}\right)^{1/2} \quad (\text{倾滑断层})$$

式中，M_0 为地震矩，S 为震源的破裂面积，$\Delta\sigma$ 为应力降，C 为常数，其值根据破裂类型变化，L 为断层沿走向的破裂长度，W 为沿下倾方向的破裂宽度，λ 为拉梅常数，μ 为刚度。

根据 Hanks 和 Kanamori[202]，地震矩和矩震级（M_w）之间的关系为：

$$\lg M_0 = 1.5M_w + 16.1 \tag{6-20}$$

将式(6-20)代入式(6-19)得破裂面积与矩震级的关系式：

$$\lg S = M_w + 10.7 - \frac{2}{3}(\lg \Delta\sigma + \lg C) \tag{6-21}$$

根据地震矩概念得出：

$$M_0 = \mu S\overline{D} \tag{6-22}$$

式中，μ 为剪切模量，一般取 $3.0\times10^{11}\,\text{dyne/cm}^2$；$S$ 为震源破裂面积；$\overline{D}$ 为破裂面上的平均滑动。

根据应力降的概念：

$$\Delta\sigma = C'\mu\,\frac{\overline{D}}{R} \tag{6-23}$$

式中，μ 是剪切模量；C' 是无因次形状因子；$\overline{D}/R$ 是应变降，其中 R 是断层的最小尺度。对于圆盘断层，R 为圆盘断层半径，即 $R=a$，$C'=7\pi/16$；对于走滑断层和倾滑断层，R 均为断层的宽度 W，即 $R=W$，但 C' 值不同，对于走滑断层，$C'=2/\pi$，而对于倾滑断层 $C'=4(\lambda+\mu)/[\pi(\lambda+2\mu)]$。在所有的情况中，$C'\approx1$。

后两种情况包括了自由表面的影响[154]。

将式(6-23)代入式(6-22),且等式两边取对数,经整理得:

$$\lg M_0 = \lg R + \lg S + \lg \Delta\sigma - \lg C' \tag{6-24}$$

将式(6-20)和式(6-21)分别代入上式并整理得:

$$\lg R = 0.5 M_{\mathrm{w}} + 5.4 + \frac{2}{3}\lg C + \lg C' - \frac{1}{3}\lg \Delta\sigma \tag{6-25}$$

式(6-25)即圆盘断层破裂半径或长方形断层破裂宽度的理论公式。

对于长方形断层,其面积为长与宽的乘积,即 $S=L \cdot W$,将式(6-25)代入该式并经整理得断层的破裂长度与矩震级的关系式:

$$\lg L = 0.5 M_{\mathrm{w}} + 5.3 - \frac{4}{3}\lg C + \lg C' - \frac{1}{3}\lg \Delta\sigma \tag{6-26}$$

将式(6-23)代入式(6-25),经整理得平均滑动与矩震级的关系式:

$$\lg \overline{D} = 0.5 M_{\mathrm{w}} + 5.4 + \frac{2}{3}(\lg C + \lg \Delta\sigma) - \lg \mu \tag{6-27}$$

进一步简化理论关系式,上述理论关系式中的 C 和应力降均为常数,而 C' 和 μ 本身即为常数,所以,可以假设这些项为常数以简化上述的理论关系式。

根据式(6-21),断层破裂面积与矩震级的关系可以简化为:

$$\lg S = M_{\mathrm{w}} - b_1 \tag{6-28}$$

由式(6-26),断层破裂长度与矩震级的关系可以简化为:

$$\lg L = 0.5 M_{\mathrm{w}} - b_2 \tag{6-29}$$

由式(6-25),断层破裂宽度与矩震级的关系可以简化为:

$$\lg W = 0.5 M_{\mathrm{w}} - b_3 \tag{6-30}$$

由式(6-27),断层面上的平均滑动与矩震级的关系可以简化为:

$$\lg \overline{D} = 0.5 M_{\mathrm{w}} - b_4 \tag{6-31}$$

式中,b_1,b_2,b_3,b_4 均为常数,分别代表相应理论关系式中的常数项。这些常数对于不同的断层类型是不同的,即使是同一断层类型,在不同的震级范围内也可能是不同的。由上可见,除了破裂面积与矩震级的关系之外,断层破裂长度、破裂宽度、断层面上的平均滑动与矩震级之间的关系式具有相同的形式。可以将这些断层参数与矩震级之间的关系式用一个关系式统一表示:

$$\lg Y = a M_{\mathrm{w}} - C_y \tag{6-32}$$

式中,Y 代表断层破裂面积,或破裂长度,或破裂宽度,平均滑动;对于破裂面积 $a=1.0$,而对于其他三个参数,$a=0.5$;C_y 是对应于不同参数的相应常数。

6.2.1.2 地震断层尺度及平均滑动与矩震级之间的半经验关系式

(1) 破裂面积 S

Abe[203] 提出的适用于浅源大地震的地震矩与破裂面积之间的关系式为：

$$\lg M_0 = 1.5 \lg S + 15.1 \tag{6-33}$$

式中，地震矩 M_0 的单位是 N·m，破裂面积 S 的单位是 km^2。将地震矩的单位变换成 dyne·cm，得出：

$$\lg M_0 = 1.5 \lg S + 22.1 \tag{6-34}$$

将式(6-20)代入上式，得：

$$\lg S = M_w + 4.0 \tag{6-35}$$

Sato[204] 提出的适用于浅源大地震（$M \geqslant 5$）关系式为：

$$\lg S = M - 4.07 \tag{6-36}$$

Somerville 等[184] 提出的矩震级与破裂面积之间的关系式为：

$$M_w = \lg S + 3.95 \tag{6-37}$$

1999 年，美国专家组对大地震提出的新的关系式为：

$$M_w = \lg S + k \tag{6-38}$$

式中，$k = 4.2 \sim 4.3$。

王海云[152] 根据最小二乘法和相应震源数据的分布规律得到了矩震级与破裂尺度及破裂面上平均滑动之间的半经验关系式。表 6-3 列出了矩震级与破裂面积关系式中常数项（C_S）在三个震级范围内的上限、中值和下限值。

表 6-3　矩震级与破裂面积关系式中常数项（C_S）值

方程	$\lg S = M_w - C_s$		
矩震级范围	$4.57 < M_w \leqslant 6.5$	$6.5 < M_w \leqslant 7.0$	$7.0 < M_w \leqslant 7.77$
C_S 上限	3.5	3.75	3.9
C_S 中值	4.0	4.05	4.2
C_S 下限	4.5	4.35	4.5

本文根据相关的理论关系、前人的分析以及小尺度破裂和煤矿微震破裂的实际尺度范围，得出实验室煤岩试样破裂面积计算公式(6-39)以及老虎台煤矿微震破裂的计算公式(6-40)：

$$\lg S = M_w - 4.5 \tag{6-39}$$

$$\lg S = M_w - 3.7 \tag{6-40}$$

（2）破裂长度 L

表 6-4 列出了矩震级与破裂长度关系式中的常数项（C_L）在三个震级范围的上限、中值和下限值的结果。

表 6-4　矩震级与破裂长度关系式中常数项（C_L）值

方程	$\lg L = M_\mathrm{w} - C_L$		
矩震级范围	$4.57 < M_\mathrm{w} \leqslant 6.5$	$6.5 < M_\mathrm{w} \leqslant 7.0$	$7.0 < M_\mathrm{w} \leqslant 7.77$
C_L 上限	1.6	1.6	1.3
C_L 中值	1.9	1.85	1.55
C_L 下限	2.2	2.1	1.8

本文根据相关的理论关系、前人的分析以及小尺度破裂和煤矿微震破裂的实际尺度范围，得出实验室煤岩试样破裂长度计算公式（6-41）以及老虎台煤矿微震破裂的计算公式（6-42）：

$$\lg L = 0.5 M_\mathrm{w} - 2.2 \tag{6-41}$$

$$\lg L = 0.5 M_\mathrm{w} - 1.8 \tag{6-42}$$

（3）破裂宽度 W

断层的最大破裂宽度受发震带深度（或厚度）的控制，一旦大地震达到一定的大小，断层的破裂宽度受发震带厚度的限制而不再增长，趋于一个常数。

王海云[152]确定的走滑断层破裂宽度达到饱和的临界矩震级是 $M_\mathrm{w} = 7.0$。当矩震级大于 7.0 时，设走滑断层的破裂宽度为：

$$\lg W = C \tag{6-43}$$

式中，C 是常数。

表 6-5 列出了王海云分析的断层破裂宽度与矩震级关系式中的常数项（C_W）在不同震级范围内的上限、中值和下限值的结果。

表 6-5　断层破裂宽度与矩震级关系式中常数项（C_W）值

方程	$\lg L = M_\mathrm{w} - C_W$		$\lg W = C$	
矩震级范围	$4.57 < M_\mathrm{w} \leqslant 6.5$	$6.5 < M_\mathrm{w} \leqslant 7.0$	$7.0 < M_\mathrm{w} \leqslant 7.5$	$7.5 < M_\mathrm{w} \leqslant 7.77$
C_W 上限	1.75	2.0	2.2	1.5
C_W 中值	2.00	2.2	2.3	1.3
C_W 下限	2.25	2.4	2.4	1.1

本文根据相关的理论关系、前人的分析以及小尺度破裂和煤矿微震的实际尺度范围,得出实验室煤岩试样破裂宽度计算公式(6-44)以及老虎台煤矿微震破裂的计算公式(6-45):

$$\lg W = 0.5M - 2.3 \tag{6-44}$$

$$\lg W = 0.5M - 1.9 \tag{6-45}$$

(4) 平均滑动 $\overline{D}$

Sato[204] 提出的适用于浅源地震($M \geqslant 5$)的关系式为:

$$\lg \overline{D} = 0.5M - 1.40 \tag{6-46}$$

式中,M 为震级。

Somerville 等[184]提出的地震矩与平均滑动之间的关系式为:

$$\overline{D} = 1.56 \times 10^{-7} \times M_0^{1/3} \tag{6-47}$$

对该式的两边取对数,且将式(6-20)代入并整理得:

$$\lg \overline{D} = 0.5M_w - 1.44 \tag{6-48}$$

王海云[152]描述了断层面上的矩震级与平均滑动之间的关系,表 6-6 列出了王海云研究的矩震级与平均滑动关系式中的常数项($C_{\overline{D}}$)在三个震级范围内的结果。

表 6-6　矩震级与平均滑动关系式中常数项($C_{\overline{D}}$)值

方程	$\lg \overline{D} = 0.5M_w - C_{\overline{D}}$		
矩震级范围	$4.57 < M_w \leqslant 6.5$	$6.5 < M_w \leqslant 7.0$	$7.0 < M_w \leqslant 7.77$
$C_{\overline{D}}$上限	1.0	1.0	0.95
$C_{\overline{D}}$中值	1.45	1.35	1.15
$C_{\overline{D}}$下限	1.9	1.7	1.35

本文根据相关的理论关系、前人的分析以及小尺度破裂和煤矿微震破裂的实际尺度范围,得出实验室煤岩试样破裂平均滑动计算公式(6-49)以及老虎台煤矿微震破裂的计算公式(6-50):

$$\lg \overline{D} = 0.5M_w - 1.9 \tag{6-49}$$

$$\lg \overline{D} = 0.5M_w - 1.4 \tag{6-50}$$

6.2.2　震源破裂尺度计算

6.2.2.1　实验室小尺度煤岩试样破裂的震源破裂尺度和平均滑动求取

根据以上建立的小尺度煤岩试样破裂的震源破裂尺度计算公式和第 4 章求取的矩震级,计算出了小尺度煤岩试样破裂的震源破裂尺度,部分事件结果分别如表 6-7 和表 6-8 所列。

表 6-7　实验室小尺度煤样破裂的震源破裂尺度和平均滑动

事件	M_W	S/cm^2	L/cm	W/cm	$\overline{D}/\mu m$
1	−5.00	3.16	2.00	1.58	0.040
2	−6.19	2.04	1.60	1.27	0.032
3	−5.59	0.81	1.01	0.80	0.020
4	−5.06	2.75	1.86	1.48	0.037
5	−4.44	11.48	3.80	3.02	0.076
6	−4.26	17.38	4.68	3.72	0.093
7	−4.62	7.59	3.09	2.45	0.062
8	−4.85	4.47	2.37	1.88	0.047
9	−5.24	1.82	1.51	1.20	0.030
10	−4.65	7.08	2.99	2.37	0.060
11	−4.98	3.31	2.04	1.62	0.041
12	−4.61	7.76	3.13	2.48	0.062
13	−5.5	1.00	1.12	0.89	0.022
14	−6.17	2.14	1.64	1.30	0.033
15	−5.4	1.26	1.26	1.00	0.025
16	−5.05	2.82	1.88	1.50	0.038
17	−5.74	0.58	0.85	0.68	0.017
18	−5.57	0.85	1.04	0.82	0.021
19	−5.91	0.39	0.70	0.56	0.014
20	−6.06	0.28	0.59	0.47	0.012

从表 6-7 中可以看出,根据建立的小尺度煤样破裂的震源破裂尺度和矩震级之间的关系式,对小尺度煤样破裂的震源破裂尺度进行了求取,矩震级 M_w 为 −6.19～−4.26 时,震源的破裂面积 S 为 0.28～17.38 cm²,震源的破裂长

度 L 为 0.59~4.68 cm,震源的破裂宽度 W 为 0.47~3.72 cm,震源的平均滑动 $\overline{D}$ 为 0.012~0.093 μm。

表 6-8 实验室小尺度岩样破裂的震源破裂尺度和平均滑动

事件	M_W	S/cm^2	L/cm	W/cm	$\overline{D}/\mu m$
1	−3.98	33.11	6.46	6.13	0.129
2	−4.17	21.38	6.19	4.12	0.104
3	−4.73	5.89	2.72	2.16	0.054
4	−4.54	9.12	3.39	2.69	0.068
5	−4.73	5.89	2.72	2.16	0.054
6	−4.90	3.98	2.24	1.78	0.045
7	−4.72	6.03	2.75	2.19	0.055
8	−4.91	3.89	2.21	1.76	0.044
9	−4.93	3.72	2.16	1.72	0.043
10	−4.58	8.32	3.24	2.57	0.065
11	−4.39	12.88	4.03	3.20	0.080
12	−4.47	10.72	3.67	2.92	0.073
13	−4.67	6.76	2.92	2.32	0.058
14	−4.69	6.46	2.85	2.26	0.057
15	−4.64	7.24	3.02	2.40	0.060
16	−4.45	11.22	3.76	2.99	0.075
17	−4.83	4.68	2.43	1.93	0.048
18	−4.68	6.61	2.88	2.29	0.058
19	−4.67	6.76	2.92	2.32	0.058
20	−4.30	15.85	4.47	3.55	0.089

从表 6-8 中可以看出,根据建立的小尺度岩样破裂的震源破裂尺度和矩震级之间的关系式,对小尺度岩样破裂的震源破裂尺度进行了求取,矩震级 M_W 为−4.93~−3.98时,震源的破裂面积 S 在 3.72~33.11 cm^2,震源的破裂长度 L 在 2.16~6.46 cm,震源的破裂宽度 W 在 1.72~6.13 cm,震源的平均滑动 $\overline{D}$ 在 0.043~0.129 μm。

6.2.2.2 老虎台煤矿现场微震震源破裂尺度的求取

根据以上建立的煤矿现场微震震源破裂尺度的计算公式和第 5 章求取的

矩震级,计算出了老虎台煤矿现场微震的震源破裂尺度,部分事件震源破裂尺度结果如表 6-9 所列。

表 6-9 老虎台煤矿微震的震源破裂尺度

事件	M_w	S/m^2	L/m	W/m	$\overline{D}/cm$
1	1.56	7 244.630	95.50	75.86	0.240
2	0.81	1 288.237	40.27	31.99	0.101
3	1.41	5 128.741	80.35	63.83	0.202
4	0.52	660.724	28.84	22.91	0.072
5	0.67	933.444	34.28	27.23	0.086
6	1.02	2 089.555	51.29	40.74	0.129
7	1.13	2 691.630	58.21	46.24	0.146
8	0.72	1 047.180	36.31	28.84	0.091
9	0.97	1 862.233	48.42	38.46	0.122
10	0.63	850.980	32.73	26.00	0.082
11	1.33	4 265.629	73.28	58.21	0.184
12	0.89	1 549.133	44.16	35.08	0.111
13	1.03	2 137.975	51.88	41.21	0.130
14	0.91	1 621.869	46.19	35.89	0.114
15	0.93	1 698.395	46.24	36.73	0.116
16	1.17	2 951.199	60.95	48.42	0.153
17	0.73	1 071.414	36.73	29.17	0.092
18	0.95	1 778.286	47.32	37.58	0.119
19	0.84	1 380.356	41.69	33.11	0.105
20	0.95	1 778.286	47.32	37.58	0.119

如表 6-9 所示,根据建立的老虎台煤矿震源破裂尺度和矩震级之间的关系式,对老虎台煤矿震源破裂的尺度进行了求取,震级 M_w 在 0.52~1.56 时,震源的破裂面积 S 在 660.724 4~7 244.63 m^2,震源的破裂长度 L 在 28.84~95.50 m,震源的破裂宽度 W 在 23.91~75.86 m,震源的平均滑动 $\overline{D}$ 在 0.072~0.240 cm。

6.3 小尺度破裂和煤矿微震震源破裂面上的滑动分布

目前,用正演方法确定地震断层破裂面上滑动分布的方法有凹凸体模型等确定性方法以及 k 平方滑动模型、组合震源模型和空间随机场模型等随机性方法[179,180,205]。

本节认真地研究了 Herrero 和 Bernard 等[181-182]提出的 k 平方震源模型,总结了 k 平方滑动模型的修正公式,然后根据求取的震源参数建立了小尺度破裂和煤矿微震空间拐角波数的经验关系式,最后分析了不同震级震源的滑动模型。

6.3.1 k 平方震源谱

自从 Aki[205]构建震源谱标定率开创性的工作以来,ω 平方模型已经成为预测强地面运动最广泛使用的经验工具[164,206,223]。Herrero 和 Bernard 等[181-182]提出 k 平方模型作为 ω 平方模型。该模型的主要假定是最终滑动分布的空间波数谱以波数平方的倒数(k^{-2})下降。

考虑均匀全空间中单侧破裂传播的一维模型[152]。ω 平方模型产生的位移谱为:

$$u_i(Y;\omega) = \frac{R_i^{\theta\varphi}}{4\pi\rho r c^3} M_0(\omega) \tag{6-51}$$

式中,ω 为圆频率;$R_i^{\theta\varphi}$ 为第 i 个分量的辐射图(角标 i 表示球坐标系中的第 i 个分量);ρ 为密度;r 是从破裂前缘 x 到观测点 Y 的距离;c 为介质速度;M_0 为震源谱,并被表示为:

$$M_0(\omega) = \mu W \int_0^L dx \cdot \dot{D}(x;\omega) \cdot e^{iw(t_c+t_r)} \tag{6-52}$$

式中,μ 是刚度;W 是断层的宽度;L 是断层的长度;$\dot{D}(x;\omega)$ 是破裂面上某一点 x 的滑动速度的傅氏变换;t_c 是地震波的到时;t_r 是地震波的破裂时间。t_c 和 t_r 由下式给出:

$$t_c = \frac{r}{c} \approx \frac{r_0 - x \cdot \cos\theta}{c} \quad x \leqslant r_0 \tag{6-53}$$

$$t_r = \frac{x}{V_r} + \Delta t_r(x) \tag{6-54}$$

式中,r_0 是观测点 Y 到坐标原点的距离;θ 是地震波向观测点传播方向和破裂传播方向之间的角度；$\overline{V}_r$是平均破裂速度。破裂时间 t_r 一般被分成连续破裂时间 $\dfrac{x}{V_r}$ 和不连续破裂时间 Δt_r。

将滑动速度函数 $\dot{D}(x;\omega)$ 表示为滑动和单位位错滑动速度函数的乘积：

$$\dot{D}(x;\omega) = D(x)F_V \cdot (x;\omega) \tag{6-55}$$

将式(6-53)、式(6-54)和式(6-55)代入式(6-52)中，得出以下震源谱：

$$M_0(\omega) = \mu \cdot W \cdot \mathrm{e}^{i\omega\left(\frac{r_0}{c}\right)} \cdot \int_0^L \mathrm{d}x \cdot D(x) \cdot F_V(x;\omega) \cdot \mathrm{e}^{i\omega\left(\frac{x}{V_r C_d}+\Delta t_c\right)} \tag{6-56}$$

式中，C_d 是方向系数：

$$C_d = \frac{1}{1 - \dfrac{\overline{V}_r}{c}\cos\theta} \tag{6-57}$$

Herrero 和 Bernard 等[181-182]提出的 k 平方模型有下列三个假定：

a. 空间波数(k)谱的傅氏振幅以 k^{-2} 衰减；

b. 函数 F_V 是长方形箱状函数；

c. 式(6-54)和式(6-56)中的 $\Delta t_r = 0$。

假设(a)基于滑动空间分布的自相似性，(b)和(c)是为了产生 ω 平方模型，函数 F_V 可以表示为：

$$F_V(x;\omega) = \frac{\sin x_\tau}{x_\tau}\mathrm{e}^{ix_\tau} \tag{6-58}$$

式中，

$$x_\tau = \frac{\omega\tau(x;\omega)}{2} \tag{6-59}$$

ω 或波数与上升时间 τ 在高频成反比：

$$\tau(x;\omega) = \begin{cases} \tau_{max} & (\omega \leqslant 2\pi aC_d/\tau_{max}) \\ \dfrac{2\pi aC_d}{\omega} & (\omega \geqslant 2\pi aC_d/\tau_{max}) \end{cases} \tag{6-60}$$

式中，

$$\tau_{max} = L_0 / \overline{V}_r \tag{6-61}$$

τ_{max} 为 x 处总的滑动持时，无因次系数 a 是局部上升时间与平均破裂前缘沿某一波长传播时间的比值，L_0 为表示障碍体大小的某一特征尺度。

震源谱可被表示为：

$$M_0(\omega) = \mu \cdot W \cdot \overline{F}_V \cdot \mathrm{e}^{i\omega\left(\frac{r_0}{c}\right)} \cdot \int_0^L \mathrm{d}x \cdot D(x) \cdot \mathrm{e}^{2\pi kx} \tag{6-62}$$

式中，

$$k = \frac{\omega}{2\pi C_d \overline{V}_r} = \frac{f}{C_d \overline{V}_r} \tag{6-63}$$

$$\overline{F_V}(f) = \begin{cases} \dfrac{\sin(\pi f \tau_{\max})}{\pi f \tau_{\max}} & (f \leqslant f_0) \\ \dfrac{\sin(\pi a C_d)}{\pi a C_d} & (f \geqslant f_0) \end{cases} \tag{6-64}$$

$$f_0 = a C_d / \tau_{\max}$$

式(6-62)中的积分是关于波数滑动分布的傅氏变化。当滑动分布 D 的空间波数(k)谱的傅氏振幅以 k^{-2} 衰减，得出以下被积函数：

$$\int_{-\infty}^{+\infty} D(x) \cdot e^{2\pi kx}\, dx = \overline{D} L F_{ph}(k) \times \begin{cases} 1 & k \leqslant 1/L \\ \dfrac{1}{(kL)^2} & k \geqslant 1/L \end{cases} \tag{6-65}$$

式中，$\overline{D}$ 是平均滑动；F_{ph} 是相位函数。

将式(6-63)和式(6-65)代入式(6-62)中，得出 k 平方模型的震源谱。用频率 f 代替 ω 来按下列形式表示震源谱：

$$M_0(f) = M_0 \overline{F}_v \cdot e^{2\pi fi\left(\frac{r_0}{c}\right)} F_{ph}(f) \times \begin{cases} 1 & (f \leqslant f_c) \\ \left(\dfrac{f_c}{f}\right)^2 & (f > f_c) \end{cases} \tag{6-66}$$

其中，

$$f_c = \frac{\overline{V}_r C_d}{L} \tag{6-67}$$

6.3.2 k 平方滑动谱

Herrero 和 Bernard[181] 的 k 平方滑动模型为：

$$D(k_x) = \overline{D} \cdot L \cdot F_{ph}(k_x) \times \begin{cases} 1 & k_x \leqslant 1/L \\ \dfrac{1}{(k_x \cdot L)^2} & k_x > 1/L \end{cases} \tag{6-68}$$

式中，$\overline{D}$ 为平均滑动；L 为长度；F_{ph} 为相位函数；$k_x = 1/L$，被称作空间拐角波数，该模型只是一维破裂断层的情况。

Gallovič 等[175]将以上滑动模型改为以下表达式：

$$D(k_x) = \frac{\overline{D} \cdot L}{\sqrt{1 + \left(\dfrac{k_x \cdot L}{K}\right)^4}} e^{i\Phi(k_x)} \tag{6-69}$$

式中,$k_{cx}=K/L$ 为空间拐角波数;K 为一个影响滑动分布的无因次常数;$\Phi(k_x)$ 为相位谱。当 $K=1$ 时,式(6-69)标准化后的波数振幅谱与 Somerville 等[184] 的波数振幅谱式(6-70)是一致的:

$$\text{amp}(k) = \frac{1}{\sqrt{1+(kL)^4}} \tag{6-70}$$

把二维有限断层最终滑动的空间谱衰减认定为径向对称是正确的,Gallovič 等[175] 的二维滑动模型为:

$$D(k_x,k_y) = \frac{\overline{D} \cdot L \cdot W}{\sqrt{1+\left[\left(\frac{k_x L}{K}\right)^2 + \left(\frac{k_y W}{K}\right)^2\right]^2}} e^{i\Phi(k_x \cdot k_y)} \tag{6-71}$$

式中,$k_{cx}=K/L$ 为沿着走向的空间拐角波数;$k_{cy}=K/W$ 为沿下倾方向的波数。Gallovič 认为 $K=1$ 比较恰当。

Somerville 等[184] 将二维有限断层标准化后的波数振幅谱表示为:

$$\text{amp}(k_x,k_y) = \frac{1}{\sqrt{1+\left[\left(\frac{k_x}{k_{cx}}\right)^2 + \left(\frac{k_y}{k_{cy}}\right)^2\right]^2}} \tag{6-72}$$

这与式(6-71)标准化后的波数振幅谱是一致的。

用一个 2 阶 Butterworth 低通滤波器表示 k 平方滑动模型的主体部分:

$$H(i\omega) = \frac{1}{\sqrt{1+\left(\frac{\omega}{\omega_c}\right)^{2n}}} \tag{6-73}$$

通过式(6-73)可以看出,随着 n 的不断增高,衰减会增快,最后会趋向于一个理想的阶梯函数。

Somerville 等[184] 根据下列公式求取空间拐角波数:

$$\begin{cases} \lg k_{cx} = 1.72 - 0.5M_W \\ \lg k_{cy} = 1.93 - 0.5M_W \end{cases} \tag{6-74}$$

根据式(6-74),规定 $\lg k_c = a - bM_W$ 中斜率 b 的值为 0.5,王海云[152] 根据最小二乘法得出了矩震级与空间拐角波数之间的半经验公式,沿走向的空间拐角波数如式(6-75)所示,沿下倾方向的拐角波数如式(6-76)所示。

$$\begin{cases} \lg k_{cx} = 1.94 - 0.5M_W (4.5 < M_W \leqslant 6.5) \\ \lg k_{cx} = 1.82 - 0.5M_W (6.5 < M_W \leqslant 7.0) \\ \lg k_{cx} = 1.80 - 0.5M_W (7.0 < M_W \leqslant 8.0) \end{cases} \tag{6-75}$$

$$\begin{cases} \lg k_{cy} = 1.95 - 0.5M_W\,(4.5 < M_W \leqslant 5.5) \\ \lg k_{cy} = 2.06 - 0.5M_W\,(5.5 < M_W \leqslant 6.5) \\ \lg k_{cy} = 2.19 - 0.5M_W\,(6.5 < M_W \leqslant 7.0) \\ \lg k_{cy} = 2.32 - 0.5M_W\,(7.0 < M_W \leqslant 7.5) \\ \lg k_{cy} = -1.25\,(7.5 < M_W) \end{cases} \tag{6-76}$$

基于王云海的半经验公式和实验室小尺度破裂以及老虎台煤矿微震震源破裂震源参数的实际情况,本文确定对于实验室小尺度破裂走向 $a=2.0$、下倾方向 $a=1.9$、斜率 $b=0.5$,对于老虎台煤矿微震走向 $a=1.96$、下倾方向 $a=1.93$、斜率 $b=0.5$。实验室小尺度破裂和老虎台煤矿微震有限断层空间拐角波数的计算公式分别为式(6-77)和式(6-78):

$$\begin{cases} \lg k_{cx} = 2.0 - 0.5M_W \\ \lg k_{cy} = 1.9 - 0.5M_W \end{cases} \tag{6-77}$$

$$\begin{cases} \lg k_{cx} = 1.96 - 0.5M_W \\ \lg k_{cy} = 1.93 - 0.5M_W \end{cases} \tag{6-78}$$

6.3.3 震源破裂模型应用与分析

6.3.3.1 震源破裂空间拐角波数分析

（1）实验室小尺度煤岩试样破裂空间拐角波数分析

实验室小尺度煤样和岩样破裂有限断层空间拐角波数分别如表 6-10 和表 6-11 所列,有限断层空间拐角波数与矩震级之间的关系如图 6-14 所示。

表 6-10　不同震级小尺度煤样破裂有限断层空间拐角波数

M_W	空间拐角波数		M_W	空间拐角波数	
	沿走向	沿下倾方向		沿走向	沿下倾方向
−5	31 622.78	25 118.86	−5.24	41 686.94	33 113.11
−6.19	39 355.01	31 260.79	−5.23	41 209.75	32 734.07
−5.59	62 373.48	49 545.02	−5.21	40 271.70	31 988.95
−5.06	33 884.42	26 915.35	−5.2	39 810.72	31 622.78
−4.44	16 595.87	13 182.57	−6.19	39 355.01	31 260.79
−4.26	13 489.63	10 716.19	−6.18	38 904.51	30 902.95
−4.62	20 417.38	16 218.10	−6.17	38 459.18	30 549.21
−4.85	26 607.25	21 134.89	−6.16	38 018.94	30 199.52

表 6-10(续)

M_w	空间拐角波数		M_w	空间拐角波数	
	沿走向	沿下倾方向		沿走向	沿下倾方向
−5.24	41 686.94	33 113.11	−6.15	37 583.74	29 853.83
−4.65	21 134.89	16 788.04	−6.14	37 153.52	29 512.09
−4.98	30 902.95	24 547.09	−6.13	36 728.23	29 174.27
−4.61	20 183.66	16 032.45	−6.12	36 307.81	28 840.32
−5.5	56 234.13	44 668.36	−6.11	35 892.19	28 510.18
−6.17	38 459.18	30 549.21	−6.10	35 481.34	28 183.83
−5.40	50 118.72	39 810.72	−5.09	35 076.19	27 861.21
−5.05	33 496.54	26 607.25	−5.08	34 673.69	27 542.29
−5.74	74 131.02	58 884.37	−5.07	34 276.78	27 227.01
−5.57	60 953.69	48 417.24	−5.05	33 496.54	26 607.25
−5.91	90 157.11	71 614.34	−5.04	33 113.11	26 302.68
−6.06	10 7151.93	85 113.80	−5.03	32 734.07	26 001.60

表 6-11　不同震级小尺度岩样破裂有限断层空间拐角波数

M_w	空间拐角波数		M_w	空间拐角波数	
	沿走向	沿下倾方向		沿走向	沿下倾方向
−3.98	9 772.37	7 762.47	−6.12	3 6307.81	28 840.32
−4.17	12 161.86	9 660.51	−6.14	37 153.52	29 512.09
−4.73	23 173.95	18 407.72	−6.15	37 583.74	29 853.83
−4.54	18 620.87	14 791.08	−6.17	38 459.18	30 549.21
−4.73	23 173.95	18 407.72	−6.19	39 355.01	31 260.79
−4.90	28 183.83	22 387.21	−5.20	39 810.72	31 622.78
−4.72	22 908.68	18 197.01	−5.22	40 738.03	32 359.37
−4.91	28 510.18	22 646.44	−5.23	41 209.75	32 734.07
−4.93	29 174.27	23 173.95	−5.24	41 686.94	33 113.11
−4.58	19 498.45	15 488.17	−5.25	42 169.65	33 496.54
−4.39	15 667.51	12 446.15	−5.26	42 657.95	33 884.42
−4.47	17 179.08	13 645.83	−5.27	43 151.91	34 276.78
−4.67	21 627.19	17 179.08	−5.28	43 651.58	34 673.69

表 6-11(续)

M_W	空间拐角波数		M_W	空间拐角波数	
	沿走向	沿下倾方向		沿走向	沿下倾方向
-4.69	22 130.95	17 579.24	-5.29	44 157.04	35 076.19
-4.64	20 892.96	16 595.87	-5.31	45 185.59	35 892.19
-4.45	16 788.04	13 335.21	-5.32	45 708.82	36 307.81
-4.83	26 001.60	20 653.80	-5.33	46 238.10	36 728.23
-4.68	21 877.62	17 378.01	-5.34	46 773.51	37 153.52
-4.67	21 627.19	17 179.08	-5.35	47 316.13	37 583.74
-4.3	14 125.38	11 220.18	-5.37	48 417.24	38 459.18

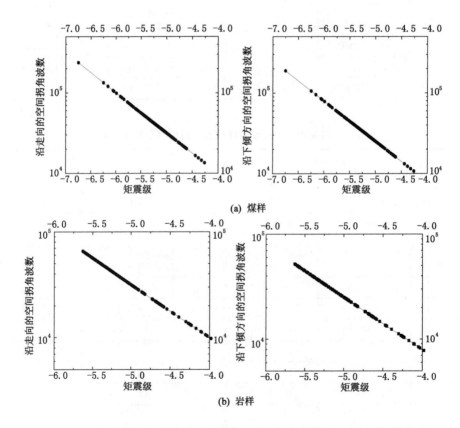

图 6-14 小尺度煤样和岩样破裂有限断层空间拐角波数与矩震级之间的关系

（2）老虎台煤矿微震震源破裂空间拐角波数分析

老虎台煤矿微震震源破裂有限断层空间拐角波数如表 6-12 所列,有限断层空间拐角波数与矩震级之间的关系如图 6-15 所示。

表 6-12　老虎台煤矿微震有限断层空间拐角波数

M_W	空间拐角波数		M_W	空间拐角波数	
	沿走向	沿下倾方向		沿走向	沿下倾方向
1.56	16.14	14.13	0.25	68.39	63.83
0.81	35.89	33.50	0.68	41.69	38.90
1.41	17.99	16.79	1.21	22.65	21.13
0.52	50.12	46.77	0.89	32.73	30.55
0.67	42.17	39.36	0.87	33.50	31.26
1.02	28.18	26.30	0.83	35.08	32.73
1.13	24.83	23.17	1.12	26.12	23.44
0.72	39.81	37.15	0.55	48.42	46.19
0.97	29.85	27.86	0.93	31.26	29.17
0.63	44.16	41.21	0.81	35.89	33.50
1.33	19.72	18.41	0.74	38.90	36.31
0.89	32.73	30.55	0.85	34.28	31.99
1.03	27.86	26.00	0.64	43.65	40.74
0.91	31.99	29.85	0.87	33.50	31.26
0.93	31.26	29.17	0.65	43.15	40.27
1.17	23.71	22.13	0.96	30.20	28.18
0.73	39.36	36.73	0.74	38.90	36.31
0.95	30.55	28.51	0.83	35.08	32.73
0.84	34.67	32.36	0.78	37.15	34.67
0.95	30.55	28.51	1.07	26.61	24.83

6.3.3.2　震源破裂模型分析

k 平方滑动模型的中心思想是:当波数大于空间拐角波数时,滑动波数谱以 k^{-2} 衰减,而当波数小于空间拐角波数时,滑动与波数无关。所以用 k 平方滑动模型产生滑动分布时,当波数 $k^2 \leqslant (1/L)^2 + (1/W)^2$ 时,选择的相位要使得整个位错的中心在断层的中心,而其他相位是随机的。

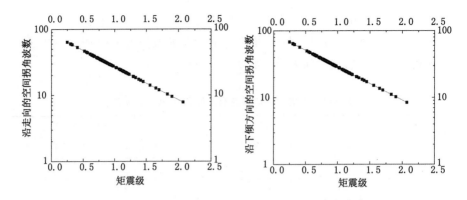

图 6-15　老虎台煤矿微震有限断层空间拐角波数与矩震级之间的关系

在 Hisada[171] 研究的基础之上,滑动模型的生成步骤:

① 根据求得的矩震级(M_w)和确定的相关的破裂参数的求取公式来确定断层的破裂面积、破裂长度、破裂宽度和平均滑动等破裂参数(图 6-16);

② 对每个破裂面上划分的网格赋予相应的滑动值;

③ 将破裂面离散化成 $2^M \times 2^N$ 个网格,然后进行插值和平滑;

④ 用傅氏变换从空间域变换到波数域,使用 k 平方滑动模型来产生随机滑动分布;

⑤ 用傅氏变换从波数域变换到空间域,来得到地震破裂面上的滑动分布。

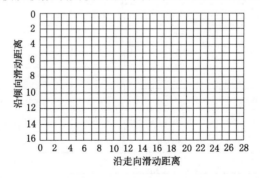

图 6-16　断层尺度确定

根据此思想和求取的相关参数,对震源破裂模型进行分析。

(1) 小尺度煤岩体破裂震源破裂面上的滑动分布分析

根据以上的分析和求取的相关参数,得出的煤岩小尺度煤岩震源破裂模型如图 6-17 所示。

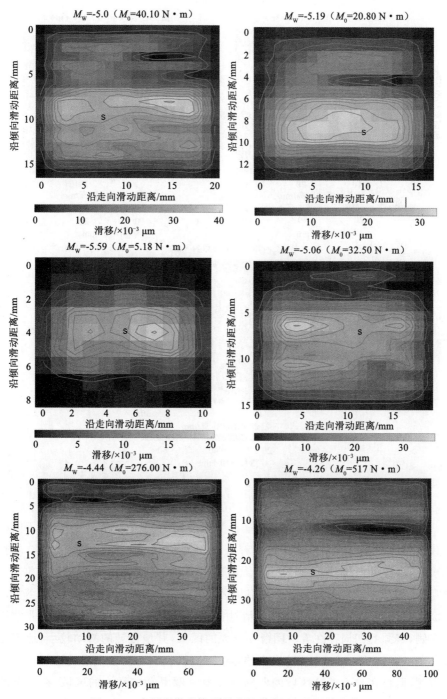

图 6-17　小尺度煤岩体破裂震源破裂面上的滑动分布

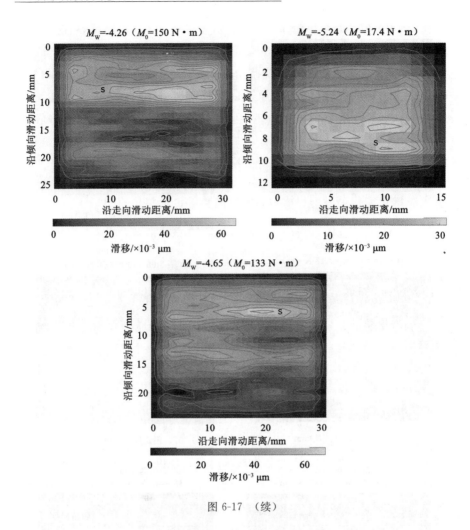

图 6-17 （续）

图 6-17 中 S 为震源的位置,横坐标为破裂长度,纵坐标为破裂宽度,不同颜色代表不同的滑动量。从图中可以看出,地震矩 40.10 N·m、震级-5.0 的破裂事件,震源处的滑动相对较大,最大滑动出现在震源的右侧,在震源的左侧和下部零星分散着几个滑动较大的区域,其他区域的滑动相对较小;地震矩 20.80 N·m、震级-5.19 的破裂事件,震源处的滑动很大,最大滑动出现在距离震源非常近的左侧,震源的四周存在着一圈滑动较大的区域,其他区域的滑动较小;地震矩 5.18 N·m,震级-5.59 的破裂事件,震源处的滑动较大,最大滑动出现在震源的右侧,而且在最大滑动区域的四周存在着一圈滑动非常大的区域,在震源的左侧也有一个滑动较大的区域,其他区域的滑动较小;地震矩 32.50 N·m、震

级－5.06 的破裂事件,震源处的滑动不强,最大滑动出现在距离震源有一定距离的左侧,此区域整体滑动较大,而且在最大滑动区域的下方还有一个较大滑动的小区域,其他区域滑动较小;地震矩 276.00 N·m、震级－4.44 的破裂事件,震源和震源的四周滑动都较大,最大滑动出现在距离震源有一定距离的右侧,而且该区域整体滑动都很大,在该区域的下部还有些滑动较大的小区域,其他区域滑动较小;地震矩 517 N·m、震级－4.26 的破裂事件,震源处的滑动很大,几乎接近最大,震源的左右两侧为滑动最大的区域,以此为中心四周滑动逐渐减小;地震矩 150 N·m、震级－4.62 的破裂事件,震源处的滑动较大,最大滑动出现在震源的右侧,在震源的左侧和破裂面的上部也有些滑动较大的区域,其他区域的滑动较小;地震矩 17.4 N·m、震级－5.24 的破裂事件,震源处的滑动很大,几乎接近最大值,最大滑动出现在震源四周的小区域,以该区域为中心四周滑动逐渐减小;地震矩 133 N·m、震级－4.65 的破裂事件,震源处的滑动很大,几乎接近最大值,最大滑动出现在震源的左侧,在该区域的上部和下部都有滑动较大的小区域,其他区域的滑动都较小。

(2) 老虎台煤矿微震震源破裂面上的滑动分布分析

根据以上的分析和求取的相关参数,得出的老虎台煤矿微震震源破裂模型如图 6-18 所示。

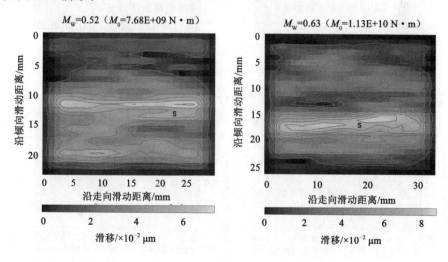

图 6-18　老虎台煤矿微震震源破裂面上的滑动分布

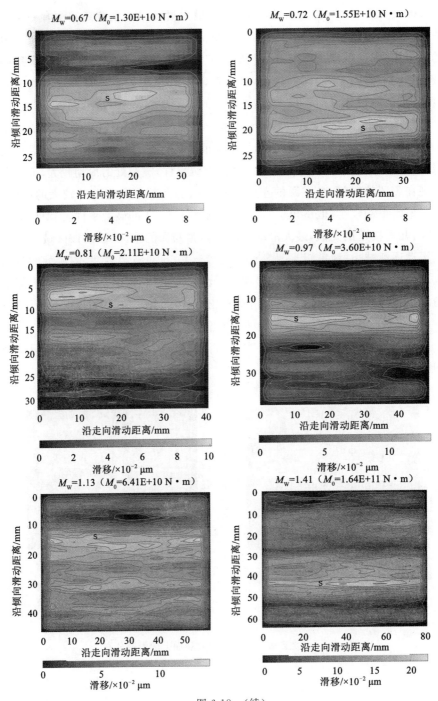

图 6-18 （续）

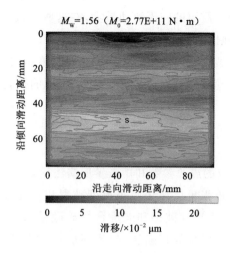

图 6-18　（续）

从图 6-18 中可以看出,地震矩 7.68E＋09 N・m、震级 0.52 的破裂事件震源处的滑动较大,最大滑动出现在震源的上部的一个细长的区域,在这些区域的下部也有些滑动较大的区域,其他区域的滑动相对较小;地震矩 1.13E＋10 N・m、震级 0.63 的破裂事件,震源处的滑动很大,最大滑动出现在距离震源非常近的左右两侧,其他区域的滑动较小;地震矩 1.30E＋10 N・m、震级 0.67 的破裂事件,震源处的滑动很大,最大滑动出现在震源的左右两侧,在这些区域的下部有些滑动较大的区域,其他区域的滑动较小;地震矩 1.55E＋10 N・m、震级 0.72 的破裂事件,震源处的滑动很大,几乎接近最大值,震源的左侧和上部都有大滑动的出现,在这些区域的上方也有些滑动较大的区域,其他区域滑动较小;地震矩 2.11E＋10 N・m、震级 0.81 的破裂事件,震源处的滑动较大,最大滑动出现在距离震源有一定距离的左侧,在该区域的下部还有些滑动较大的小区域,其他区域滑动较小;地震矩 3.60E＋10 N・m、震级 0.97 的破裂事件,震源和距离震源有一定距离的右侧为最大滑动区域,在这区域的上部存在着一些滑动较大的小区域,其他区域的滑动较小;地震矩 6.41E＋10 N・m、震级 1.13 的破裂事件,震源处的滑动很大,最大滑动出现在震源的左右两侧和下部的区域,在这些滑动较大区域的下部还有多个滑动较大的区域,其他区域的滑动都较小;地震矩 1.64E＋11 N・m、震级 1.41 的破裂事件,震源处的滑动较大,最大滑动出现在震源的右侧,在这区域的上部还有些滑动较大的区域,其他区域滑动较小;地震矩 2.77E＋11 N・m、震级 1.56 的破裂事件,震源处的滑动很大,几乎接近最大值,震源的四周滑动最大,在这些区域的上部和下部还有滑动较大的小区域,其他区域的滑动都较小。

通过对小尺度破裂和煤矿微震破裂面上滑动分布的分析,形象地反演了不同震级事件震源的滑动破裂过程,用于深入了解震源的破裂机理。

6.4　本章小结

(1) 本章根据求取的震源参数和矩张量反演法反演小尺度破裂和煤矿微震的震源机制解。基于矩张量反演法对小尺度破裂和老虎台煤矿微震的震源机制进行了较好的反演,小尺度破裂和老虎台煤矿微震都存在着剪切张拉破坏,其震源机制解为含走滑成分的正断层(斜滑断层);剪切挤压破坏,其震源机制解为含走滑成分的逆断层(斜滑断层);剪切破坏,其震源机制解为正断层等几种形式。通过反演出的震源机制解,深刻地了解了小尺度破裂和老虎台煤矿微震震源破裂的类型。老虎台煤矿开采活动会引起地质不连续面的滑动,产生区域内的动载荷作用,对自由面附近的节理面产生推动作用,从而造成岩体破坏,由于顶底板和煤层积聚大量弹性能,煤岩体破坏时会产生很大的冲击。

(2) 分别建立了小尺度破裂和煤矿微震震源破裂尺度与矩震级的关系式。基于建立的关系式,对小尺度破裂和煤矿微震的震源破裂面积、破裂长度、破裂宽度和平均滑动进行了很好的求取,系统地判断了震源的破裂尺度;而且当通过地质观测可以获得破裂尺度时,可通过相应的公式估计地震的震级、余震的空间分布。

(3) 基于 k^2 滑动谱和求取的破裂尺度,反演了小尺度破裂和煤矿微震破裂面上的滑动分布,来深入了解震源的滑动破裂过程。

7　微震震源参数反演与震源破裂机理分析应用研究

　　结合本文提出的震源参数反演和震源破裂机理分析方法，运用 MATLAB 软件编写了"微震震源参数反演与震源破裂机理分析软件"，如图 7-1 所示。

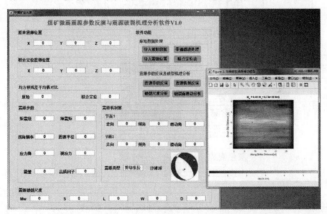

图 7-1　微震震源参数反演与震源破裂机理分析软件

　　该软件主要包括原始数据处理功能和数据分析功能。原始数据处理功能包括导入波形数据、带通滤波处理、导入原始震源位置和联合定位法四个方面，联合定位法下设原始均方根残差平均值和联合定位校正后的均方根残差平均值。数据分析功能包括震源参数反演和震源破裂机理分析，震源破裂机理分析下又设震源机制反演、震源破裂尺度分析和震源破裂面上的滑动分布三个选项。

　　本章基于本文提出的震源参数反演和震源破裂机理分析方法，运用微震震源参数反演与震源破裂机理分析软件，选取了千秋煤矿 2013 年 20 次微震事件进行分析。

7.1 重定位后震源参数的结果和关系分析

千秋煤矿 1958 年投产,设计生产能力 60 万 t/a,2007 年核定生产能力为 210 万 t/a,千秋煤矿综合地层柱状图如图 7-2 所示。

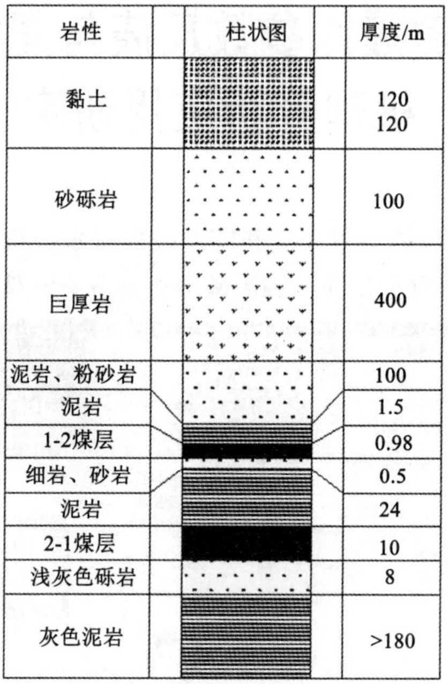

岩性	柱状图	厚度/m
黏土		120 120
砂砾岩		100
巨厚岩		400
泥岩、粉砂岩		100
泥岩		1.5
1-2煤层		0.98
细岩、砂岩		0.5
泥岩		24
2-1煤层		10
浅灰色砾岩		8
灰色泥岩		>180

图 7-2 千秋煤矿综合地层柱状图

千秋煤矿 21141 工作面的走向长度 1 500 m,倾斜长度 130 m,煤层平均厚度 10.6 m,倾角 12°~14°。21141 工作面上方直接顶为深灰色泥岩,层理发育,厚度 23.02~27.63 m,平均 25.44 m,分布较稳定;基本顶为中侏罗马凹组及上侏罗统杂色砂砾岩、砂岩,厚度较大,平均 612 m,巨厚砾岩层顶板容易积聚大量弹性能,其破断或滑移过程中,大量的弹性能突然释放,容易引发冲击地压灾害。21141 工作面平面布置示意图如图 7-3 所示。

应用微震震源参数反演与震源破裂机理分析软件,随机选取千秋煤矿 20 次不同震级的微震事件进行分析。千秋煤矿 20 次微震事件的原始震源定位结果和应用微震震源参数反演与震源破裂机理分析软件中联合定位法进行重定位后的震源结果分别如图 7-4 和图 7-5 所示。

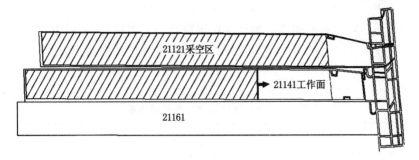

图 7-3 21141 工作面平面布置示意图

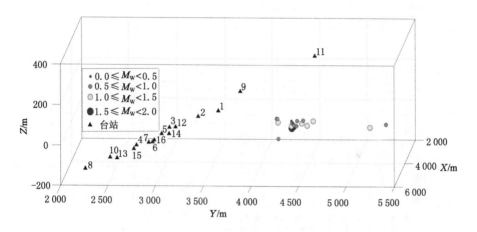

图 7-4 千秋煤矿 20 次微震事件的原始震源定位结果

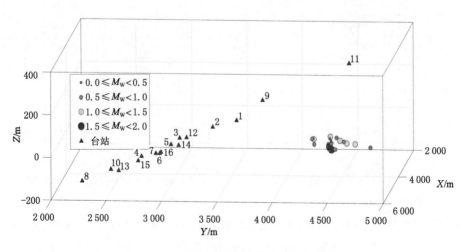

图 7-5 千秋煤矿微震事件重新定位结果

重新定位后均方根残差平均值由原来的 1.56 s 降低为 0.73 s,说明重新定位后提高了震源位置的精度。根据校正后精确的震源位置,运用微震震源参数反演与震源破裂机理分析软件求得 20 次微震事件的震源参数结果,如表 7-1 所列。

表 7-1　千秋煤矿微震事件的震源参数

事件	矩震级 M_W	地震矩 $M_0/(N \cdot m)$	拐角频率 f_0/Hz	震源半径 R/m	应力降 $\Delta\sigma/MPa$	视应力 σ_a/MPa	能量 E/J	因子 Q
1	0.58	8.42E+09	39.24	29.48	0.145	0.062	1.59E+04	73
2	0.48	6.72E+09	45.32	25.48	0.177	0.064	1.30E+04	56
3	0.81	2.09E+10	33.78	34.19	0.228	0.067	4.26E+04	90
4	0.76	1.75E+10	36.01	32.08	0.232	0.048	2.52E+04	152
5	1.81	6.64E+11	17.35	66.57	0.985	0.127	2.56E+06	113
6	0.99	3.85E+10	30.08	38.39	0.298	0.081	9.45E+04	121
7	1.12	6.19E+10	27.15	42.55	0.351	0.073	1.37E+05	67
8	1.63	3.61E+11	20.72	55.75	0.911	0.079	8.61E+05	85
9	1.32	1.20E+11	23.33	49.50	0.433	0.082	2.98E+05	78
10	0.65	1.19E+10	37.67	30.67	0.181	0.062	2.23E+04	109
11	1.21	8.39E+10	25.24	45.76	0.383	0.074	1.88E+05	165
12	1.07	5.07E+10	30.12	38.35	0.394	0.125	1.92E+05	110
13	0.85	2.42E+10	33.10	34.89	0.250	0.057	4.18E+04	96
14	0.74	1.66E+10	35.38	32.65	0.209	0.100	5.05E+04	58
15	0.57	9.11E+09	39.05	29.57	0.154	0.050	1.39E+04	80
16	1.11	5.91E+10	29.27	39.47	0.421	0.072	1.29E+05	105
17	0.63	1.11E+10	38.30	30.16	0.177	0.087	2.93E+04	90
18	1.40	1.59E+11	23.05	50.12	0.553	0.080	3.87E+05	158
19	0.95	3.39E+10	31.26	36.94	0.294	0.088	9.03E+04	77
20	0.30	3.61E+09	50.15	23.03	0.130	0.075	8.24E+03	102

由表 7-1 可以看出,震级 M_W 在 0.30～1.81 时,矿山微震的地震矩 M_0 在 3.61E+09～6.64E+11 N·m,拐角频率 f_0 在 17.35～51.15 Hz,震源半径 R 在 23.03～66.57 m,震源应力降 $\Delta\sigma$ 在 0.130～0.985 MPa,震源视应力 σ_a 在 0.048～0.127 MPa,品质衰减因子 Q 的范围为 56～165。通过该软件求取的震

源参数和震级,对千秋煤矿微震的震源大小和应力状态等震源性质进行了迅速准确的判断。

根据表 7-1 得出的震源参数,进一步对震源参数与地震矩 M_0 之间的关系进行分析,结果如图所示 7-6 所示。

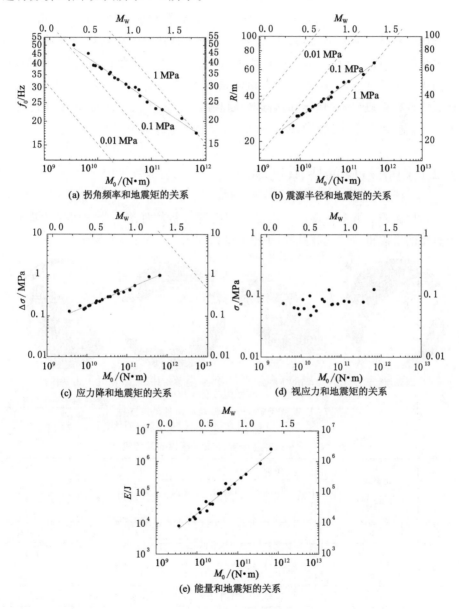

(a) 拐角频率和地震矩的关系

(b) 震源半径和地震矩的关系

(c) 应力降和地震矩的关系

(d) 视应力和地震矩的关系

(e) 能量和地震矩的关系

图 7-6 震源参数与地震矩 M_0 的关系

通过图 7-4 可以看出,千秋煤矿微震事件的拐角频率随地震矩的增加线性减小,基本满足 $y=-0.19x+3.55$ 的关系;震源半径随地震矩的增加线性增加,基本满足 $y=0.19x-0.48$ 的关系;震源能量随地震矩的增加线性增加,基本满足 $y=1.10x-6.66$ 的关系;震源应力降随地震矩的增加线性增加,基本满足 $y=0.41x-4.90$ 的关系,但线性关系较弱;震源视应力随地震矩的增加,基本上围绕着某一值上下波动。通过系统分析千秋矿震源参数以及其随地震矩的变化特征,可为该矿微震破裂过程的分析和灾后影响范围的评估打下基础。在同等震级条件下,千秋矿微震的拐角频率和应力降的值都要小于天然地震,这表明该矿矿震(诱发地震)的破裂尺度和形式不同于天然地震,因此在监测和评估时既要借鉴天然地震的理论和方法,又要注重区别于天然地震。

7.2　矩张量反演震源机制解

运用微震震源参数反演与震源破裂机理分析软件进一步求得千秋煤矿 4 个典型的微震事件的震源机制,得出的结果如图 7-7 和表 7-2 所示。

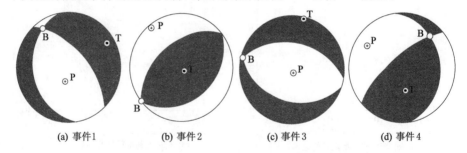

| (a) 事件1 | (b) 事件2 | (c) 事件3 | (d) 事件4 |

图 7-7　千秋煤矿 4 个典型微震事件的沙滩球

表 7-2　千秋煤矿 4 个典型微震事件的震源机制

事件	地震矩 /(N·m)	节面 1			节面 2			震源类型
		走向 /(°)	倾角 /(°)	滑动角 /(°)	走向 /(°)	倾角 /(°)	滑动角 /(°)	
1	5.9782E+09	170	32	−61	318	62	−106	剪切张拉
2	1.6429E+10	231	52	90	51	38	90	剪切
3	2.7602E+10	280	49	−95	100	41	−90	剪切
4	1.5908E+11	230	73	115	352	30	36	剪切挤压

通过图 7-7 和表 7-2 可以看出,微震震源参数反演与震源破裂机理分析软件很好地反演出了千秋煤矿微震事件的震源机制解。其中反演出微震事件 1 是剪切拉张破坏,其震源机制解为含走滑成分的正断层(斜滑断层);事件 2 是千秋煤矿比较常见的剪切破坏,其震源机制解为逆断层;事件 3 同样也是千秋煤矿比较常见的剪切破坏,但其震源机制解为正断层;事件 4 是剪切挤压破坏,其震源机制解为含走滑成分的逆断层(斜滑断层)。通过矩张量反演出震源机制解,可以很好地了解震源破裂的情况和冲击地压的机理。

7.3　震源破裂尺度和破裂面上滑动分布分析

7.3.1　震源破裂尺度的求取

运用微震震源参数反演和震源破裂机理分析软件对 20 次微震事件的震源破裂尺度进行了求取,求取结果如表 7-3 所示。

从表 7-3 中可以看出,微震震源参数反演与震源破裂机理分析软件对千秋煤矿微震震源的破裂尺度进行了很好的求取,震级 M_w 在 0.30~1.81 时,震源的破裂面积 S 在 398.11~12 882.50 m²,震源的破裂长度 L 在 22.39~127.35 m,震源的破裂宽度 W 在 17.78~101.16 m,震源的平均滑动 $\overline{D}$ 在 0.056~0.320 cm。基于此结果,系统地评价震源破裂的范围。

表 7-3　千秋煤矿微震震源破裂尺度

事件	M_w	S/m^2	L/m	W/m	$\overline{D}/cm$
1	0.58	758.58	30.90	24.55	0.078
2	0.48	602.56	27.54	21.88	0.069
3	0.81	1 288.25	40.27	31.99	0.101
4	0.76	1 148.15	38.02	30.20	0.095
5	1.81	12 882.50	127.35	101.16	0.320
6	0.99	1 949.84	49.55	39.36	0.124
7	1.12	2 630.27	57.54	45.71	0.145
8	1.63	8 511.38	103.51	82.22	0.260
9	1.32	4 168.69	72.44	57.54	0.182
10	0.65	891.25	33.50	26.61	0.084

表 7-3(续)

事件	M_W	S/m^2	L/m	W/m	$\overline{D}/cm$
11	1.21	3 235.94	63.83	50.70	0.160
12	1.07	2 344.23	54.33	43.15	0.136
13	0.85	1 412.54	42.17	33.50	0.106
14	0.74	1 096.48	37.15	29.51	0.093
15	0.57	741.31	30.55	24.27	0.077
16	1.11	2 570.40	56.89	45.19	0.143
17	0.63	851.14	32.73	26.00	0.082
18	1.40	5 011.87	79.43	63.10	0.200
19	0.95	1 778.28	47.32	37.58	0.119
20	0.30	398.11	22.39	17.78	0.056

7.3.2 震源破裂面上滑动分布的分析

最后运用微震震源参数反演与震源破裂机理分析软件分析了千秋煤矿 4 个微震事件破裂面上的滑动分布,结果如图 7-8 所示。

通过图 7-8 可以看出,基于求取的震源破裂尺度和 k 平方滑动谱对老虎台煤矿微震震源滑动破裂进行了形象的模拟,可直观地看出破裂面上的滑动分布情况。图中 S 为震源的位置,横坐标为破裂长度,纵坐标为破裂宽度,不同颜色代表不同的滑动量。地震矩 6.72E+09 N·m、震级 0.48 的事件 1,震源和震源的左右两侧为滑动最大的区域,在这个区域的四周存在着一圈滑动较大的区域,其他区域的滑动较小;地震矩 2.42E+10 N·m、震级 0.85 的事件 2,震源处的滑动非常大,几乎接近最大滑动,最大滑动出现在震源的左右两侧区域,而且右侧的最大滑动区域范围较大,在这些区域的上部也存在些滑动较大的小区域,其他区域的滑动相对较小;地震矩 1.66E+10 N·m、震级 0.74 的事件 3,震源和震源的左右两侧为滑动最大的区域,在这个区域的四周和破裂面的中部存在着滑动较大的区域,其他区域的滑动较小;地震矩 1.59E+11 N·m、震级 1.40 的事件 4,震源处的滑动非常大,几乎接近最大滑动,最大滑动出现在震源右上方的区域,在这个区域的四周和破裂面的中部存在着滑动较大的区域,其他区域的滑动相对较小。

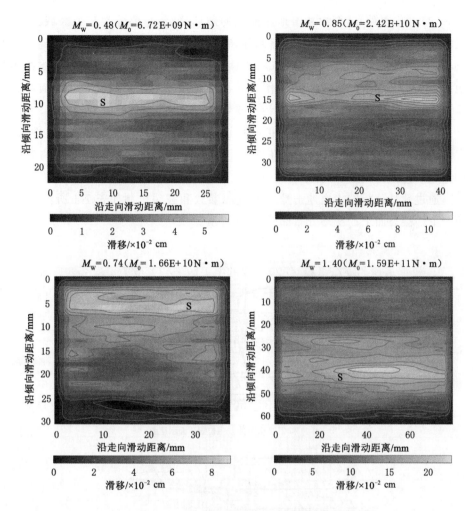

图 7-8　千秋煤矿微震破裂震源滑动模型

7.4　冲击地压震源参数和破裂机理分析及冲击地压防治研究

选取千秋煤矿 2013 年 4 次有代表性的冲击地压事件,利用开发的微震震源参数反演与震源破裂机理分析软件对其进行计算分析。根据 ARAMIS M/E 微震监测系统的监测记录,2013 年 2 月 8 日冲击地压过程中在 15 时 48 分 34 秒和 15 时 48 分 42 秒监测到两次能量大于 10^7 J 的破坏性矿震事件。分别记为

1#和2#冲击事件,这两次冲击地压造成的破坏严重,主要分为三个区域:第一区域距离巷口135～155 m;第二区域距离巷口195～235 m;第三区域距离巷口265～290 m。2013年3月18日10时24分21141工作面下巷发生了一次冲击地压,记为3#冲击事件,21141工作面下巷距离巷口120～300 m之间均有动力显现,其中210～240 m区域破坏最严重,顶板下沉达300 mm。2013年9月7日22时38分在21112工作面下巷发生了一次冲击地压,记为4#冲击事件,此次冲击地压事故主要显现区域在距离巷口60～140 m区域,其中距离巷口100 m处冲击破坏最为严重。图7-9为4次事件发生位置平面示意图。

通过软件分析的4次冲击地压的震源参数和破裂机制如表7-4所示,4次冲击事件破裂面上的滑动分布如图7-10所示。

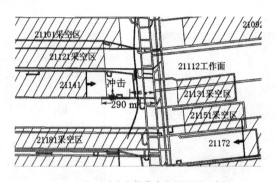

(a) 1#和2#冲击事件发生位置平面示意图

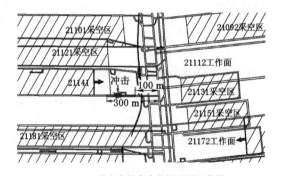

(b) 3#冲击事件发生位置平面示意图

图7-9　冲击事件的位置平面示意图

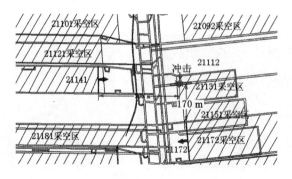

(c) 4# 冲击事件发生位置平面示意图

图 7-9 （续）

表 7-4 4 次冲击事件的震源参数和破裂机制

参数	冲击事件			
	1#	2#	3#	4#
M_W	1.81	1.87	1.92	1.63
$M_0/(\text{N} \cdot \text{m})$	6.64E+11	8.15E+11	9.59E+11	3.61E+11
f_0/Hz	17.35	16.52	15.76	20.72
R/m	66.57	69.9	73.3	55.75
$\Delta\sigma/\text{MPa}$	0.985	1.029	1.051	0.911
σ_a/MPa	0.127	0.157	0.19	0.079
E/J	2.56E+06	3.87E+06	5.53E+06	8.61E+05
Q	113	165	89	85
S/m^2	12 882.5	14 790.89	16 596.08	8 511.38
L/m	127.35	136.46	144.54	103.51
W/m	101.16	108.39	114.82	82.22
$\overline{D}/\text{cm}$	0.32	0.343	0.363	0.26
破裂类型	剪切破坏	剪切破坏	剪切张拉	剪切破坏

1# 事件造成的破坏严重区域距离巷口 135～155 m，与滑动分布图即图 7-10(a) 上最大滑动区域位置和大小基本一致；2# 事件造成的破坏严重区域距离巷口 195～235 m 和距离巷口 265～290 m，与滑动分布图即图 7-10(b) 上最大滑动区域位置和大小基本一致；3# 事件造成的破坏严重区域距离巷口

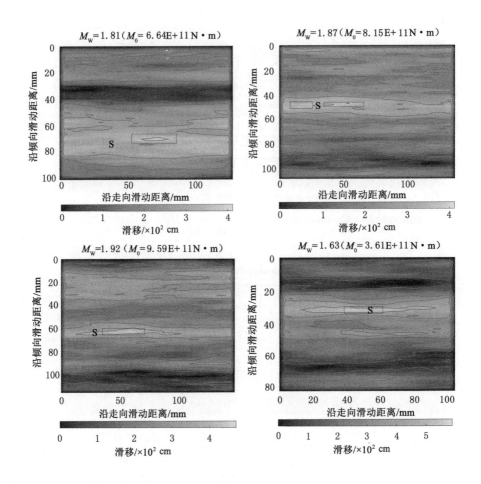

图 7-10 4 次冲击事件破裂面上的滑动分布

210～240 m，与滑动分布图即图 7-10(c)上最大滑动区域位置和大小基本一致；4[#]事件造成的破坏严重区域距离巷口 100 m 左右，与滑动分布图即图 7-10(d)上最大滑动区域位置和大小基本一致。而且事件的矿压显现范围基本上与求取的震源破裂尺度一致。可见，通过本文建立的震源破裂尺度和破裂面上滑动分布的计算方法可以反映实际震源破裂情况，可应用于冲击地压的破坏评价与防治。

进一步对 1[#] 和 2[#] 冲击事件进行分析，根据定位震源位置和求取的破裂面上滑动分布，发现 2[#] 事件震源位置出现在 1[#] 事件造成的最大滑动区域内，1[#] 事件破裂造成的部分区域滑移量较大是 2[#] 事件产生的重要原因。因此可以基于求取的矿震破裂面上的滑动分布,根据矿震破裂面上不同区域的滑移量来制定分区域防治措施,来提高冲击地压防治的准确性。

7.5 本章小结

(1)本章采用微震震源参数反演与震源破裂机理分析软件,进行了对微震系统监测波形数据的自动处理、定位计算、震源参数反演及破裂机理分析,并针对千秋煤矿微震监测波形数据进行了应用研究,求取了该矿震源参数、震源机制、破裂尺度和破裂面上的滑动分布。

(2)研究结果揭示了千秋煤矿冲击地压破坏的震源参数特征和机制,计算得到了4次冲击地压事件的震源破裂尺度和滑动分布数据,结果与现场实际情况基本吻合。发现矿震破裂面上滑动大的区域容易诱发冲击地压,因此可基于破裂面上滑动分布,对冲击地压进行有效的分区域防治。

8 全文总结、创新点及展望

8.1 全文总结

随着煤矿开采深度不断增加,煤岩动力灾害越来越频繁,许多原来无煤岩动力灾害的矿井现在开始发生,而原来发生过煤岩动力灾害的矿井发生煤岩动力灾害的危险性越来越高,这严重影响了深部资源的安全高效开采。微震监测技术作为一种在煤矿中广泛应用的地球物理监测手段,在矿震及冲击地压的震源定位和能量分析、冲击地压演化过程以及监测预警等方面能发挥重要作用。然而,煤系地层多变且非均质性强,波场结构复杂,定位精度难以满足现场需求,国内外对煤矿震源参数及震源机制缺乏深入系统的研究。研究煤矿微震震源参数及震源破裂机理对进一步提高煤矿微震震源定位的精度、揭示矿震及冲击地压灾害震源破裂机理、促进矿震及冲击地压灾害的防治具有重要的理论意义和参考价值。为此,本文采用实验室实验、理论分析、数值模拟和现场试验验证等方法,以复杂煤岩介质条件下波场传播特征为切入点,深入研究基于高精度震源定位的震源参数和震源破裂机理,并进行现场验证与应用。论文得到的主要研究成果如下:

(1)基于声波方程的空间域 4 阶、时间域 2 阶高阶有限差分法,对各种复杂煤岩介质条件下的波场传播特征(波场快照和单炮记录)进行了模拟分析,并揭示了复杂煤岩介质条件对震动波传播过程的影响规律。

① 基于二维介质模型,建立了煤岩单一均匀介质模型、煤岩组合多层介质模型、含断层煤岩介质模型、含水和含瓦斯煤岩双相介质模型以及随机介质模型。

② 不同煤岩介质模型的波场特征各不相同,在多层煤岩介质中,不同介质

的分界面会发生纵横波的反射投射,产生透射波、透射转换波、反射波和反射转换波;在含断层煤岩介质中,在断层处不仅可以产生透射波、透射转换波、反射波和反射转换波,还可以发生绕射产生绕射波;在双相介质中,不仅有快纵波和横波,而且也会产生慢纵波,但是在含水和含瓦斯不同双相介质中,慢纵波的传播不同;在随机介质模型下,波场明显不同于均匀介质,会产生非常复杂的散射波。通过不同位置传感器的单炮记录可以进一步反映出波场的传播特征。通过以上分析可以看出,不同煤岩介质构造对波的传播过程有着重要影响,因此需要提出一种可以减小煤系地层速度结构模型复杂对震源定位精度的影响的震源联合定位法,而且需要考虑不同介质条件下波的传播过程来分析品质衰减因子 Q。

(2) 提出了单纯形和双差联合定位法,对煤矿现场微震震源位置进行了校正,并应用于煤矿现场爆破事件和微震震源定位,减小了煤系地层复杂速度结构模型对震源定位精度的影响,提高了震源定位的精度。

① 单纯形和双差联合定位法给出的爆破事件的震源定位误差控制在 20 m 以内,事件残差控制在 15 ms 以内,验证了联合定位法的精度和稳定性。

② 经过联合定位,对老虎台煤矿微震震源重定位校正后的均方根残差由 1.35 s 降到 0.62 s,定位精度明显提高,该方法有效地减少了地壳速度结构模型不精确导致的误差,保证了震源定位和求取震源参数的精度。

(3) 分析了小尺度煤岩试样破裂和煤矿微震的震源参数,系统地确定了震源的大小和应力状态等震源性质,揭示了震源参数随地震矩的变化特征。

① 通过对完整煤岩试样以及含孔洞煤岩试样进行单轴压缩声发射实验,获取了 4 种试样破裂全过程中的载荷-轴向变形曲线及声发射参数,观察试样的动态破裂失稳过程,分析破裂过程中的声发射时空演化规律和波形的多重分形特征。实验研究表明,完整岩样、含孔洞岩样、完整煤样以及含孔洞煤样试样的单轴抗压强度依次减小,声发射脉冲计数与应力变化规律比较一致;由于岩性的变化,4 种试样动态破裂过程明显不同;4 种试样三维空间定位点分布与各自破裂宏观形态是一致的,但出现的时间以及分布位置是不同的;4 者破裂过程中的波形都具有多重分形特征,破裂时的多重分形谱宽 $\Delta f(\alpha)$ 小于破裂前的 $\Delta f(\alpha)$,破裂前的 $\Delta f(\alpha)$ 小于破裂后的 $\Delta f(\alpha)$,孔洞岩样各阶段的 $\Delta f(\alpha)$ 都小于孔洞煤样对应各阶段的 $\Delta f(\alpha)$。这表明 4 种试样在破裂时的能量大于破裂前,破裂前的能量大于破裂后,而且含孔洞煤样在各个阶段的能量小于完整煤样对应各阶段的能量、完整煤样在各个阶段的能量小于含孔洞岩样对应各阶段的能量、孔

洞岩样在各个阶段的能量小于完整岩样对应各阶段的能量。

② 确定了适合小尺度破裂和煤矿微震震源谱拟合分析的 ω^2 模型,全面系统地求取了小尺度破裂和煤矿微震的基本震源参数(拐角频率 f_0、品质衰减因子 Q、震源能量 E、地震矩 M_0、震源半径 R、应力降 $\Delta\sigma$、视应力 σ_a)和震级。分析表明,ω^2 震源谱模型可以很好地适用于小尺度破裂和煤矿微震震源谱的拟合分析,但是 ω^3 模型对小尺度破裂和煤矿微震震源谱的拟合分析效果较差。

③ 建立了震源参数与地震矩 M_0 之间的关系。小尺度破裂的震源参数 f_0 和 σ_a 随 M_0 的增加线性减小,震源参数 R 和 E 随 M_0 的增加线性增加,$\Delta\sigma$ 整体上围绕着某一个值上下波动;老虎台煤矿微震的震源参数 f_0 随 M_0 的增加线性减小,震源参数 R、E 和 $\Delta\sigma$ 随 M_0 的增加线性增加,但是 $\Delta\sigma$ 与 M_0 的线性关系较弱,σ_a 几乎围绕某一值上下波动,而且老虎台煤矿微震的 f_0 和 $\Delta\sigma$ 明显小于天然地震的值。

④ 两种方法计算的老虎台煤矿的局部震级 M_L 都与矩震级 M_W 呈线性关系:M_{L1} 值 0.03~1.99,M_W 值 0.25~2.07,$M_{L1}=1.03M_W-0.15$;M_{L2} 值 0.45~2.22,M_W 值 0.25~2.07,$M_{L2}=0.93M_W+0.28$。M_{L1} 和 M_W 之间的间隙小于 M_{L2} 和 M_W 之间的间隙,表明第一种方法可以较好地用于计算 M_L,以获得更精确的局部震级结果。

(4) 研究了小尺度破裂和煤矿微震的震源破裂机制、破裂尺度和破裂面上的滑动分布,揭示了震源破裂的模式、宏观破裂范围和不同区域运动状态等破裂机理。

① 根据求取的震源参数和矩张量反演法,反演小尺度破裂和煤矿微震的震源机制解。基于矩张量反演法对小尺度破裂和老虎台煤矿微震的震源机制进行了较好的反演,小尺度破裂和老虎台煤矿微震都存在着剪切张拉破坏,其震源机制解为含走滑成分的正断层(斜滑断层);剪切挤压破坏,其震源机制解为含走滑成分的逆断层(斜滑断层);剪切破坏,其震源机制解为正断层等几种形式。通过反演出的震源机制解,深刻地了解了小尺度破裂和老虎台煤矿微震震源破裂的类型。老虎台煤矿开采活动会引起地质不连续面的滑动,产生区域内的动载荷作用,对自由面附近的节理面产生推动作用,从而造成岩体破坏,由于顶底板和煤层积聚大量弹性能,煤岩体破坏时会产生很大的冲击。

② 分别建立了小尺度破裂和煤矿微震震源破裂尺度与矩震级的关系式。基于建立的关系式,对小尺度破裂和煤矿微震的震源破裂面积、破裂长度、破裂宽度和平均滑动进行了很好的求取,系统地判断了震源的破裂尺度;而且当通

过地质观测可以获得破裂尺度时,可通过相应的公式估计地震的震级以及余震的空间分布。

③ 基于 k^2 滑动谱和求取的破裂尺度,反演了小尺度破裂和煤矿微震破裂面上的滑动分布,来深入了解震源的滑动破裂过程。

(5)开发了微震震源参数反演与震源破裂机理分析软件,实现了对微震系统监测波形数据的自动处理、定位计算、震源参数反演及破裂机理分析,并针对千秋煤矿微震监测波形数据进行了应用研究,求取了该矿震源参数、震源机制、破裂尺度和破裂面上的滑动分布;揭示了千秋煤矿冲击地压破坏的震源参数特征和机制,计算得到了 4 次冲击地压事件的震源破裂尺度和滑动分布数据,结果与现场实际情况基本吻合;发现矿震破裂面上滑动大的区域容易诱发冲击地压,说明可基于破裂面上滑动分布,对冲击地压进行有效的分区域防治。

8.2 创新点

(1)基于复杂煤岩介质条件下的波场特征分析,提出了单纯形和双差联合定位方法,综合考虑了影响震源定位的关键因素,减小了煤系地层复杂速度结构对震源定位精度的影响,提高了震源定位的精度。

(2)运用 ω^2 模型系统地分析了小尺度破裂和煤矿微震的震源参数和震级,揭示了震源大小和应力状态等震源性质及震源参数随地震矩的变化特征。

(3)基于建立的震源破裂尺度与矩震级之间的关系式以及 k^2 滑动模型,研究了震源的破裂尺度和破裂面上的滑动分布,并结合矩张量反演法反演出的震源机制解,揭示了震源的破裂机理。开发了微震震源参数反演与震源破裂机理分析软件。

8.3 展望

震源分析是微震监测中最经典、最基本的问题之一,也是国内外研究的重点和热点。本文围绕波场传播特征、震源参数、震源机制和震源破裂模型等展开研究,取得了一些创新性的成果。但由于实验条件和理论水平的限制,微震震源研究领域还有许多方面需要深入研究和探索。在以下几个方面还需进一步分析:

(1)本文揭示了不同静态煤岩介质模型下的波场传播特征,在此基础上,今后需要对动态煤岩介质模型下的波场传播特征进行研究。

（2）本文只做了基础的单轴压缩条件下实验室煤岩试样破裂的震源参数、机制和破裂模型研究，基于上述研究成果，今后需要研究三轴加载震源破裂面滑动分布复杂加载条件下的震源分析。

（3）本文只进行了两个煤矿现场的震源分析，今后需要对更多的煤矿现场微震震源进行分析，并建立煤矿微震震源分析数据库。

参 考 文 献

[1] 国家统计局官网. 近十年全国一次能源消费结构[EB/OL]. [2021-8-1]. ht-tps://data. stats. gov. cn/easyquery. htm? cn = C01&zb = A070E&sj =2020.

[2] 中国产业信息网. 2020 年中国发生煤矿事故、死亡人数、事故原因、"从根本上消除事故隐患"的路径及任务分析[EB/OL]. [2021-8-30]. https://www.chyxx. com/industry/202108/971566. html.

[3] 何满潮. 深部开采工程岩石力学现状及其展望[C]//第八次全国岩石力学与工程学术大会论文集. 北京:科学出版社,2004.

[4] 何满潮,谢和平,彭苏萍,等. 深部开采岩体力学研究[J]. 岩石力学与工程学报,2005,24(16):2803-2813.

[5] 蓝航,陈东科,毛德兵. 我国煤矿深部开采现状及灾害防治分析[J]. 煤炭科学技术,2016,44(1):39-46.

[6] 李楠. 微震震源定位的关键因素作用机制及可靠性研究[D]. 徐州:中国矿业大学,2014.

[7] 国家矿山安全监察局网站. 事故通报[EB/OL]. [2021-8-1]. https://www.chinamine-safety. gov. cn/zfxxgk/fdzdgknr/sgcc/.

[8] 姜耀东,赵毅鑫. 我国煤矿冲击地压的研究现状:机制、预警与控制[J]. 岩石力学与工程学报,2015,34(11):2188-2204.

[9] 林健,王洋,杨景贺,等. 不同围压巷道开挖应力场演化规律模拟试验研究[J]. 煤炭学报,2015,40(10):2313-2319.

[10] 窦林名,何学秋,王恩元,等. 冲击矿压与震动的机理及预报研究[J]. 矿山压力与顶板管理,1999(增刊 1):199-203,239.

[11] 吴贤振,刘祥鑫,梁正召,等. 不同岩石破裂全过程的声发射序列分形特征

试验研究[J].岩土力学,2012,33(12):3561-3569.

[12] 潘一山,李忠华,章梦涛.我国冲击地压分布、类型、机理及防治研究[J].岩石力学与工程学报,2003,22(11):1844-1851.

[13] LI T,CAI M F,CAI M. A review of mining-induced seismicity in China[J]. International journal of rock mechanics and mining sciences,2007,44(8):1149-1171.

[14] 钱七虎.岩爆、冲击地压的定义、机制、分类及其定量预测模型[J].岩土力学,2014,35(1):1-6.

[15] 潘一山.煤与瓦斯突出、冲击地压复合动力灾害一体化研究[J].煤炭学报,2016,41(1):105-112.

[16] 陈颙.声发射技术在岩石力学研究中的应用[J].地球物理学报,1977,20(4):312-322.

[17] HARDY. Acoustic emission/microseismic activity:Volume 1:Principles,techniques and geotechnical applications [M]. Los Angeles:CRC Press,2003.

[18] GE M C. Efficient mine microseismic monitoring[J]. International journal of coal geology,2005,64(1/2):44-56.

[19] 赵兴东,唐春安,李元辉,等.基于微震监测及应力场分析的冲击地压预测方法[C]//第九届全国岩石动力学学术会议论文集.武汉:科学出版社,2005.

[20] 姜福兴,杨淑华,成云海,等.煤矿冲击地压的微地震监测研究[J].地球物理学报,2006,49(5):1511-1516.

[21] 曹安业,窦林名,秦玉红,等.微震监测冲击矿压技术成果及其展望[J].煤矿开采,2007,12(1):20-23.

[22] 陆菜平,窦林名,王耀峰,等.坚硬顶板诱发煤体冲击破坏的微震效应[J].地球物理学报,2010,53(2):450-456.

[23] 蔡武,窦林名,李振雷,等.微震多维信息识别与冲击矿压时空预测:以河南义马跃进煤矿为例[J].地球物理学报,2014,57(8):2687-2700.

[24] 蔡武,窦林名,李振雷,等.矿震震动波速度层析成像评估冲击危险的验证[J].地球物理学报,2016,59(1):252-262.

[25] 杨胜利.老虎台煤矿冲击地压多指标信息融合预警技术研究[D].徐州:中国矿业大学,2015.

[26] 陈培善,陈海通.由二维破裂模式导出的地震定标律[J].地震学报,1989,
    11(4):337-350.

[27] NOLET G. Quantitative seismology,theory and methods[J]. Earth sci-
    ence reviews,1981,17(3):296-297.

[28] AKI K,RICHARDS P G. Quantitative seismology[M]. 2nd. New York:
    University Science Books,2002.

[29] HAVSKOV J,OTTEMOLLER L. Routine data processing in earthquake
    seismology[M]. Dordrecht:Springer Netherlands,2010.

[30] GLAZER S N. Mine seismology:data analysis and interpretation[M].
    Cham:Springer International Publishing,2016.

[31] 李信富,李小凡,张美根.地震波数值模拟方法研究综述[J].防灾减灾工程
    学报,2007,27(2):241-248.

[32] ALTERMAN Z,KARAL F C JR. Propagation of Elastic Waves in lay-
    ered media by finite difference methods[J]. Bulletin of the seismological
    society of America,1969,59(1):471.

[33] KELLY K R,WARD R W,TREITEL S,et al. Synthetic seismograms:a
    finite-difference approach[J]. Geophysics,1976,41(1):2-27.

[34] JEAN V. SH-wave propagation in heterogeneous media:velocity-stress fi-
    nite-difference method[J]. Geophysics,1984,49(11):1933-1942.

[35] 刘洪林,陈可洋,杨微,等.高阶交错网格有限差分法纵横波波场分离数值
    模拟[J].地球物理学进展,2010,25(3):877-884.

[36] 李国平,姚逢昌,石玉梅,等.有限差分法地震波数值模拟的几个关键问题
    [J].地球物理学进展,2011,26(2):469-476.

[37] ALDRIDGE D F,SYMONS N P,HANEY M M. Finite-difference numer-
    ical simulation of seismic gradiometry[C]//AGU Fall Meeting Ab-
    stracts. [S. l:s. n],2006.

[38] 李景叶,陈小宏.横向各向同性介质地震波场数值模拟研究[J].地球物理
    学进展,2006,21(3):700-705.

[39] 程冰洁,李小凡,徐天吉.含流体裂缝介质中地震波场数值模拟[J].地球物
    理学进展,2007,22(5):1370-1374.

[40] 喻振华,冯德山.粘弹性介质中跨孔波场的交错网格有限差分法正演模拟
    [J].物探化探计算技术,2008,30(4):273-277.

［41］祝贺君,张伟,陈晓非.二维各向异性介质中地震波场的高阶同位网格有限差分模拟[J].地球物理学报,2009,52(6):1536-1546.

［42］何彦锋,孙伟家,符力耘.复杂介质地震波传播模拟中边界元法与有限差分法的比较研究[J].地球物理学进展,2013,28(2):664-678.

［43］LAMBERT M A,SAENGER E H,QUINTAL B,et al. Numerical simulation of ambient seismic wavefield modification caused by pore-fluid effects in an oil reservoir[J]. Geophysics,2013,78(1):T41-T52.

［44］VISHNEVSKY D,LISITSA V,TCHEVERDA V,et al. Numerical study of the interface errors of finite-difference simulations of seismic waves [J]. Geophysics,2014,79(4):T219-T232.

［45］FONTARA I K,DINEVA P S,MANOLIS G D,et al. Numerical simulation of seismic wave field in graded geological media containing multiple cavities[J]. Geophysical journal international,2016,206(2):921-940.

［46］王涛,白超英,杨尚倍.各向同性介质中射线理论与有限差分地震波场模拟方法比较研究[J].地球物理学进展,2016,31(2):606-613.

［47］BOHLEN T. Parallel 3-D viscoelastic finite difference seismic modelling [J]. Computers & geosciences,2002,28(8):887-899.

［48］薛东川,王尚旭,焦淑静.起伏地表复杂介质波动方程有限元数值模拟方法[J].地球物理学进展,2007,22(2):522-529.

［49］黄超,董良国.可变网格与局部时间步长的交错网格高阶差分弹性波模拟[J].地球物理学报,2009,52(11):2870-2878.

［50］KÄSER M,PELTIES C,CASTRO C E,et al. Wavefield modeling in exploration seismology using the discontinuous Galerkin finite-element method on HPC infrastructure[J]. The leading edge,2010,29(1):76-85.

［51］张鲁新,符力耘,裴正林.不分裂卷积完全匹配层与旋转交错网格有限差分在孔隙弹性介质模拟中的应用[J].地球物理学报,2010,53(10):2470-2483.

［52］刘志强,孙建国,孙辉,等.基于自适应网格的仿真型有限差分地震波数值模拟[J].地球物理学报,2016,59(12):4654-4665.

［53］董良国,马在田,曹景忠.一阶弹性波方程交错网格高阶差分解法稳定性研究[J].地球物理学报,2000,43(6):856-864.

［54］裴正林,牟永光.地震波传播数值模拟[J].地球物理学进展,2004,19(4):

933-941.

[55] 杨圳,李蓉艳,岳继光,等.高阶交错网格有限差分法的地震波场数值模拟[J].北京交通大学学报,2012,36(5):68-72.

[56] 孙楠,孙耀充,庾汕.含有限水体介质中地震波场数值模拟[J].地震研究,2017,40(4):557-564.

[57] 胜山邦久编.冯夏庭译.声发射(AE)技术的应用[M].北京:冶金工业出版社,1996.

[58] 王恩元,何学秋.煤岩变形破裂电磁辐射的实验研究[J].地球物理学报,2000(01):131-137.

[59] 王恩元,何学秋,刘贞堂.煤岩破裂声发射实验研究及 RS 统计分析[J].煤炭学报,1999,24(3):48-51.

[60] 尹贤刚.受载岩石与混凝土声发射特性对比实验研究[J].四川大学学报(工程科学版),2010,42(2):82-87.

[61] 李浩然,杨春和,刘玉刚,等.花岗岩破裂过程中声波与声发射变化特征试验研究[J].岩土工程学报,2014,36(10):1915-1923.

[62] 张艳博,梁鹏,刘祥鑫,等.基于声发射信号主频和熵值的岩石破裂前兆试验研究[J].岩石力学与工程学报,2015,34(增刊1):2959-2967.

[63] 黄炳香,程相振,陈必武,等.红砂岩单轴压缩破坏的声发射信号及时空演化特征[J].矿业研究与开发,2017,37(5):24-29.

[64] 陈亮,刘建锋,王春萍,等.北山深部花岗岩不同应力状态下声发射特征研究[J].岩石力学与工程学报,2012,31(增刊2):3618-3624.

[65] 赵兴东,李元辉,袁瑞甫,等.基于声发射定位的岩石裂纹动态演化过程研究[J].岩石力学与工程学报,2007,26(5):944-950.

[66] 艾婷,张茹,刘建锋,等.三轴压缩煤岩破裂过程中声发射时空演化规律[J].煤炭学报,2011,36(12):2048-2057.

[67] 张朝鹏,张茹,张泽天,等.单轴受压煤岩声发射特征的层理效应试验研究[J].岩石力学与工程学报,2015,34(4):770-778.

[68] 张鹏海,杨天鸿,徐涛,等.蚀变花岗片麻岩破坏过程中声发射事件的演化规律[J].岩土力学,2017,38(8):2189-2197.

[69] 裴建良,刘建锋,左建平,等.基于声发射定位的自然裂隙动态演化过程研究[J].岩石力学与工程学报,2013,32(4):696-704.

[70] GRASSBERGER P. Generalized dimensions of strange attractors[J].

Physics letters A,1983,97(6):227-230.

[71] 李会方.多重分形理论及其在图象处理中应用的研究[D].西安:西北工业大学,2004.

[72] 赵奎,王更峰,王晓军,等.岩石声发射 Kaiser 点信号频带能量分布和分形特征研究[J].岩土力学,2008,29(11):3082-3088.

[73] 李元辉,刘建坡,赵兴东,等.岩石破裂过程中的声发射 b 值及分形特征研究[J].岩土力学,2009,30(9):2559-2563.

[74] 尹贤刚,李庶林,唐海燕,等.岩石破坏声发射平静期及其分形特征研究[J].岩石力学与工程学报,2009,28(增刊2):3383-3390.

[75] 裴建良,刘建锋,张茹,等.单轴压缩条件下花岗岩声发射事件空间分布的分维特征研究[J].四川大学学报(工程科学版),2010,42(6):51-55.

[76] 许福乐,王恩元,宋大钊,等.煤岩破坏声发射强度长程相关性和多重分形分布研究[J].岩土力学,2011,32(7):2111-2116.

[77] 窦林名,何学秋.冲击矿压防治理论与技术[M].徐州:中国矿业大学出版社,2001.

[78] 何学秋,窦林名,牟宗龙,等.煤岩冲击动力灾害连续监测预警理论与技术[J].煤炭学报,2014,39(8):1485-1491.

[79] 兰从欣,刘杰,郑斯华,等.北京地区中小地震震源参数反演[J].地震学报,2005,27(5):498-507.

[80] 陈培善,陈海通.由二维破裂模式导出的地震定标律[J].地震学报,1989,11(4):337-350.

[81] 于俊谊,朱新运.浙江珊溪水库地震震源参数研究[J].中国地震,2008,24(4):379-387.

[82] MAYEDA K,WALTER W R. Moment,energy,stress drop,and source spectra of western United States earthquakes from regional coda envelopes[J]. Journal of geophysical research:solid earth,1996,101(B5):11195-11208.

[83] PREJEAN S G,ELLSWORTH W L. Observations of earthquake source parameters at 2 km depth in the long valley caldera,eastern California [J]. Bulletin of the seismological society of America,2001,91(2):165-177.

[84] IMANISHI K,ELLSWORTH W L,PREJEAN S G. Earthquake source

parameters determined by the SAFOD Pilot Hole seismic array[J]. Geophysical research letters,2004,31(12):L12S09.

[85] 夏晨,赵伯明.应用动力学拐角频率对经验格林函数法的改进[J].地震地质,2015,37(2):529-540.

[86] 赵翠萍,陈章立,华卫,等.中国大陆主要地震活动区中小地震震源参数研究[J].地球物理学报,2011,54(6):1478-1489.

[87] IDE S,BEROZA G C,PREJEAN S G,et al. Apparent break in earthquake scaling due to path and site effects on deep borehole recordings [J]. Journal of geophysical research:solid earth,2003,108(B5):2271.

[88] ALLMANN B P,SHEARER P M. Global variations of stress drop for moderate to large earthquakes[J]. Journal of geophysical research:solid earth,2009,114(B1):B01310.

[89] BRUNE J N. Tectonic stress and the spectra of seismic shear waves from earthquakes [J]. Journal of geophysical research, 1970, 75 (26): 4997-5009.

[90] MADARIAGA R. Dynamics of an expanding circular fault[J]. Bulletin of the seismological society of America,1976,66(3):639-666.

[91] BOATWRIGHT J. A spectral theory for circular seismic sources: simple estimates of source dimension,dynamic stress drop and radiated seismic energy[J]. Bulletin of the seismological society of America,1980,70(1): 1-27.

[92] SHEARER P M,PRIETO G A,HAUKSSON E. Comprehensive analysis of earthquake source spectra in southern California[J]. Journal of geophysical research:solid earth,2006,111(B6):B06303.

[93] KANEKO Y,SHEARER P M. Seismic source spectra and estimated stress drop derived from cohesive-zone models of circular subshear rupture[J]. Geophysical journal international,2014,197(2):1002-1015.

[94] KANEKO Y,SHEARER P M. Variability of seismic source spectra,estimated stress drop,and radiated energy,derived from cohesive-zone models of symmetrical and asymmetrical circular and elliptical ruptures[J]. Journal of geophysical research:solid earth,2015,120(2):1053-1079.

[95] GOERTZ-ALLMANN B P,GOERTZ A,WIEMER S. Stress drop varia-

tions of induced earthquakes at the Basel geothermal site[J]. Geophysical research letters,2011,38(9):L09308.

[96] HOUGH S E. Shaking from injection-induced earthquakes in the central and eastern United States[J]. Bulletin of the seismological society of America,2014,104(5):2619-2626.

[97] SUMY D F,NEIGHBORS C J,COCHRAN E S,et al. Low stress drops observed for aftershocks of the 2011 M_w 5. 7 Prague, Oklahoma, earthquake[J]. Journal of geophysical research: solid earth, 2017, 122 (5): 3813-3834.

[98] HUANG Y,ELLSWORTH W L,BEROZA G C. Stress drops of induced and tectonic earthquakes in the central United States are indistinguishable[J]. Science advances,2017,3(8):e1700772.

[99] TRUGMAN D T,DOUGHERTY S L,COCHRAN E S, et al. Source spectral properties of small to moderate earthquakes in southern Kansas [J]. Journal of geophysical research: solid earth, 2017, 122 (10): 8021-8034.

[100] HUANG Y H,BEROZA G C,ELLSWORTH W L. Stress drop estimates of potentially induced earthquakes in the Guy-Greenbrier sequence[J]. Journal of geophysical research:solid earth,2016,121(9): 6597-6607.

[101] BETHMANN F,DEICHMANN N,MAI P M. Scaling relations of local magnitude versus moment magnitude for sequences of similar earthquakes in Switzerland[J]. Bulletin of the seismological society of America,2011,101(2):515-534.

[102] ZUO J P,PENG S P,LI Y J,et al. Investigation of Karst collapse based on 3-D seismic technique and DDA method at Xieqiao coal mine,China [J]. International journal of coal geology,2009,78(4):276-287.

[103] CAO W Z,SHI J Q,SI G Y,et al. Numerical modelling of microseismicity associated with longwall coal mining[J]. International journal of coal geology,2018,193:30-45.

[104] DRIAD-LEBEAU L, LAHAIE F, AL HEIB M, et al. Seismic and geotechnical investigations following a rockburst in a complex French

mining district[J]. International journal of coal geology,2005,64(1/2):66-78.

[105] LU C P,LIU Y,WANG H Y,et al. Microseismic signals of double-layer hard and thick igneous strata separation and fracturing[J]. International journal of coal geology,2016,160/161:28-41.

[106] WOJTECKI Ł,MENDECKI M J,ZUBEREK W M. Determination of destress blasting effectiveness using seismic source parameters[J]. Rock mechanics and rock engineering,2017,50(12):3233-3244.

[107] BROWN L,HUDYMA M. Identification of stress change within a rock mass through apparent stress of local seismic events[J]. Rock mechanics and rock engineering,2017,50(1):81-88.

[108] 杨文东,金星,李山有,等.地震定位研究及应用综述[J].地震工程与工程振动,2005,25(1):14-20.

[109] 田玥,陈晓非.地震定位研究综述[J].地球物理学进展,2002,17(1):147-155.

[110] GE M C. Analysis of source location algorithms:Part II. Iterative methods[J]. Journal of acoustic emission,2003,21(1):29-51.

[111] NELDER J A,MEAD R. A simplex method for function minimization [J]. The computer journal,1965,7(4):308-313.

[112] LEIGHTON F,DUVALL W I. Least squares method for improving rock noise source location techniques[R]. Washington,DC (USA):Bureau of mines,1972.

[113] GIBOWICZ G . Seismicity in mines[M]. Basle:Birkhauser,1989.

[114] HASEGAWA H S,WETMILLER R J,GENDZWILL D J. Induced seismicity in mines in Canada-An overview[J]. Pure and applied geophysics,1989,129(3/4):423-453.

[115] PRUGGER A F,GENDZWILL D J. Microearthquake location:a nonlinear approach that makes use of a simplex stepping procedure[J]. Bulletin of the seismological society of America,1988,78(2):799-815.

[116] GENDZWILL D J,PRUGGER A F. Algorithms for micro-earthquake locations[C]//Proc. 4th Syrup. on Acoustic Emissions and Microseismicity. [S. l:s. n],1985:601-615.

[117] 赵珠,丁志峰,易桂喜,等.西藏地震定位:一种使用单纯形优化的非线性方法[J].地震学报,1994,16(2):212-219.

[118] GE M C,MRUGALA M,IANNACCHIONE A T. Microseismic monitoring at a limestone mine[J]. Geotechnical and geological engineering, 2009,27(3):325-339.

[119] POUPINET G,ELLSWORTH W L,FRECHET J. Monitoring velocity variations in the crust using earthquake doublets:an application to the Calaveras Fault, California [J]. Journal of geophysical research:solid earth,1984,89(B7):5719-5731.

[120] FRECHET J. Sismogenese et doublets sismiques [D]. Grenoble: Université Scientifique et Médicale de Grenoble,1985.

[121] FRÉMONT M J,MALONE S D. High precision relative locations of earthquakes at Mount St. Helens, Washington[J]. Journal of geophysical research:solid earth,1987,92(B10):10223-10236.

[122] GOT J L,FRÉCHET J,KLEIN F W. Deep fault plane geometry inferred from multiplet relative relocation beneath the south flank of Kilauea [J]. Journal of geophysical research: solid earth, 1994, 99 (B8): 15375-15386.

[123] ITO A. High resolution relative hypocenters of similar earthquakes by cross-spectral analysis method[J]. Journal of physics of the earth,1985, 33(4):279-294.

[124] SCHERBAUM F,WENDLER J. Cross spectral analysis of Swabian Jura (SW Germany) three-component microearthquake recordings[J]. Journal of geophysics,1986,60(1):157-166.

[125] VANDECAR J C,CROSSON R S. Determination of teleseismic relative phase arrival times using multi-channel cross-correlation and least squares[J]. Bulletin of the seismological society of America,1990,80 (1):150-169.

[126] DEICHMANN N,GARCIA-FERNANDEZ M. Rupture geometry from high-precision relative hypocentre locations of microearthquake clusters [J]. Geophysical journal international,1992,110(3):501-517.

[127] DODGE D A,BEROZA G C,ELLSWORTH W L. Foreshock sequence

of the 1992 Landers, California, earthquake and its implications for earthquake nucleation[J]. Journal of geophysical research: solid earth, 1995,100(B6):9865-9880.

[128] WALDHAUSER F. A double-difference earthquake location algorithm: method and application to the northern Hayward fault, California[J]. Bulletin of the seismological society of America, 2000, 90 (6): 1353-1368.

[129] WALDHAUSER F, ELLSWORTH W L. Fault structure and mechanics of the Hayward Fault, California, from double-difference earthquake locations[J]. Journal of geophysical research: solid earth, 2002,107(B3): ESE3-1-ESE3-15.

[130] 李志海,赵翠萍,王海涛,等.双差地震定位法在北天山地区地震精确定位中的初步应用[J].内陆地震,2004,18(2):146-153.

[131] 刘劲松,CHUN K-Y,HENDERSON G K,等.双差定位法在地震丛集精确定位中的应用[J].地球物理学进展,2007,22(1):137-141.

[132] 黄媛,吴建平,张天中,等.汶川 8.0 级大地震及其余震序列重定位研究[J].中国科学(D辑:地球科学),2008,38(10):1242-1249.

[133] 朱艾澜,徐锡伟,刁桂苓,等.汶川 M_S8.0 地震部分余震重新定位及地震构造初步分析[J].地震地质,2008,30(3):759-767.

[134] 杨智娴,陈运泰,郑月军,等.双差地震定位法在我国中西部地区地震精确定位中的应用[J].中国科学（D辑:地球科学),2003,33（增刊1）:129-134.

[135] 黄媛,杨建思,张天中.2003 年新疆巴楚-伽师地震序列的双差法重新定位研究[J].地球物理学报,2006,49(1):162-169.

[136] 赵博,高原,石玉涛.用双差定位结果分析华北地区的地震活动[J].地震,2013,33(1):12-21.

[137] 王未来,吴建平,房立华,等.2014 年云南鲁甸 M_S6.5 地震序列的双差定位[J].地球物理学报,2014,57(9):3042-3051.

[138] 王清东,朱良保,苏有锦,等.2012 年 9 月 7 日彝良地震及余震序列双差定位研究[J].地球物理学报,2015,58(9):3205-3221.

[139] 刘瑞丰,陈运泰,周公威,等.地震矩张量反演在地震快速反应中的应用[J].地震学报,1999,21(2):115-122.

[140] 张勇,许力生,陈运泰.2008年汶川大地震震源机制的时空变化[J].地球物理学报,2009,52(2):379-389.

[141] 刘超,张勇,许力生,等.一种矩张量反演新方法及其对2008年汶川 M_s 8.0地震序列的应用[J].地震学报,2008,30(4):329-339.

[142] 赵翠萍,陈章立,郑斯华,等.伽师震源区中等强度地震矩张量反演及其应力场特征[J].地球物理学报,2008,51(3):782-792.

[143] 林向东,葛洪魁,徐平,等.近场全波形反演:芦山7.0级地震及余震矩张量解[J].地球物理学报,2013,56(12):4037-4047.

[144] 刘杰,郑斯华,康英,等.利用P波和S波的初动和振幅比计算中小地震的震源机制解[J].地震,2004,24(1):19-26.

[145] 薛军蓉,李峰,王育.三峡水库蓄水初期9次微震震源机制解特征[J].大地测量与地球动力学,2004,24(2):48-51.

[146] 李铁,蔡美峰,左艳,等.采矿诱发地震的震源机制特征:以辽宁省抚顺市老虎台煤矿为例[J].地质通报,2005,24(2):136-144.

[147] 明华军,冯夏庭,陈炳瑞,等.基于矩张量的深埋隧洞岩爆机制分析[J].岩土力学,2013,34(1):163-172.

[148] 明华军,冯夏庭,张传庆,等.基于微震信息的硬岩新生破裂面方位特征矩张量分析[J].岩土力学,2013,34(6):1716-1722.

[149] 李铁,蔡美峰,孙丽娟,等.基于震源机制解的矿井采动应力场反演与应用[J].岩石力学与工程学报,2016,35(9):1747-1753.

[150] 杨慧,储日升,盛敏汉.2015山东平邑石膏矿塌陷地震震源参数测定[J].地球物理学进展,2018,33(1):125-132.

[151] DON T. Earthquake energy and ground breakage[J]. Bulletin of the seismological society of America,1958,48(2):147-153.

[152] 王海云.近场强地震动预测的有限断层震源模型[D].北京:中国地震局工程力学研究所,2004.

[153] CHINNERY M A. Earthquake magnitude and source parameters[J]. Bulletin of the seismological society of America, 1969, 59 (5): 1969-1982.

[154] KANAMORI H,ANDERSON D L. Theoretical basis of some empirical relations in seismology[J]. Bulletin of the seismological society of America,1975,65(5):1073-1095.

［155］ACHARYA H K. Regional variations in the rupture-length magnitude relationships and their dynamical significance[J]. Bulletin of the seismological society of America,1979,69(6):2063-2084.

［156］董瑞树,冉洪流,高铮.中国大陆地震震级和地震活动断层长度的关系讨论[J].地震地质,1993,15(4):395-400.

［157］WELLS D L,COPPERSMITH K J. New empirical relationships among magnitude,rupture length,rupture width,rupture area,and surface displacemen[J]. Bulletin of the seismological society of America,1994,84(4):974-1002.

［158］PEGLER G,DAS S. Analysis of the relationship between seismic moment and fault length for large crustal strike-slip earthquakes between 1977-92[J]. Geophysical research letters,1996,23(9):905-908.

［159］李忠华,苏有锦,蔡明军,等.云南地区震源破裂长度与震级的经验关系[C]//中国地震学会第七次学术大会论文集.井冈山:地震出版社,1998:89.

［160］STIRLING M. Comparison of earthquake scaling relations derived from data of the instrumental and preinstrumental era[J]. Bulletin of the seismological society of America,2002,92(2):812-830.

［161］龙锋,闻学泽,徐锡伟.华北地区地震活断层的震级-破裂长度、破裂面积的经验关系[J].地震地质,2006,28(4):511-535.

［162］LEONARD M. Earthquake fault scaling:self-consistent relating of rupture length,width,average displacement,and moment release[J]. Bulletin of the seismological society of America,2010,100(5A):1971-1988.

［163］冉洪流.中国西部走滑型活动断裂的地震破裂参数与震级的经验关系[J].地震地质,2011,33(3):577-585.

［164］耿冠世,俞言祥.中国西部地区震源破裂尺度与震级的经验关系[J].震灾防御技术,2015,10(1):68-76.

［165］SCHOLZ C H. The mechanics of earthquakes and faulting[M]. Cambridge:Cambridge University Press,2002.

［166］汪进,秦保燕,董奇珍.1986年8月26日门源6.4级地震破裂过程研究[J].华北地震科学,1992,10(2):25-33.

［167］SOMERVILLE P. Engineering applications of strong ground motion simulation[J]. Tectonophysics,1993,218(1/2/3):195-219.

[168] HARTZELL S,LIU P C,MENDOZA C. The 1994 Northridge,California,earthquake:Investigation of rupture velocity,risetime,and high-frequency radiation[J]. Journal of geophysical research:solid earth,1996,101(B9):20091-20108.

[169] MOZAFFARI P,吴忠良,陈运泰.用经验格林函数方法研究澜沧-耿马 M_S=7.6 地震的破裂过程[J].地震学报,1998,20(1):2-12.

[170] 许力生,陈运泰.1997 年中国西藏玛尼 M_S7.9 地震的时空破裂过程[J].地震学报,1999,21(5):449-459.

[171] HISADA Y. A theoretical omega-square model considering spatial variation in slip and rupture velocity. Part 2:case for a two-dimensional source model[J].Bulletin of the seismological society of America,2001,91(4):651-666.

[172] MIYAKE H,IWATA T,IRIKURA K. Estimation of rupture propagation direction and strong motion generation area from azimuth and distance dependence of source amplitude spectra[J]. Geophysical research letters,2001,28(14):2727-2730.

[173] 许力生,陈运泰.从全球长周期波形资料反演 2001 年 11 月 14 日昆仑山口地震时空破裂过程[J].中国科学(D 辑:地球科学),2004,34(3):256-264.

[174] 周云好,陈章立,缪发军.2001 年 11 月 14 日昆仑山口西 M_S 8.1 地震震源破裂过程研究[J].地震学报,2004,26(增刊 1):9-20.

[175] GALLOVIČ F, BROKEŠOVÁ J. On strong ground motion synthesis with k^{-2} slip distributions [J]. Journal of seismology, 2004, 8(2):211-224.

[176] HASKELL N A. Total energy and energy spectral density of elastic wave radiation from propagating faults[J]. Bulletin of the seismological society of America,1964,54(6A):1811-1841.

[177] AKI K. Seismic displacements near a fault[J]. Journal of geophysical research,1968,73(16):5359-5376.

[178] SATO R,HIRATA N. One method to compute theoretical seismograms in a layered medium[J]. Journal of physics of the earth,1980,28(2):

145-168.

[179] MIKUMO T,MIYATAKE T. Dynamical rupture process on a three-dimensional fault with non-uniform frictions and near-field seismic waves [J]. Geophysical journal of the royal astronomical society,1978,54(2): 417-438.

[180] ANDREWS D J. A stochastic fault model:1. Static case[J]. Journal of geophysical research:solid earth,1980,85(B7):3867-3877.

[181] HERRERO A,BERNARD P. A kinematic self-similar rupture process for earthquakes[J]. Bulletin of the seismological society of America, 1994,84(4):1216-1228.

[182] BERNARD P,HERRERO A,BERGE C. Modeling directivity of heterogeneous earthquake ruptures[J]. Bulletin of the seismological society of America,1996,86(4):1149-1160.

[183] FRANKEL A. High-frequency spectral falloff of earthquakes,fractal dimension of complex rupture, b value, and the scaling of strength on faults[J]. Journal of geophysical research: solid earth, 1991, 96 (B4): 6291-6302.

[184] SOMERVILLE P,IRIKURA K,GRAVES R,et al. Characterizing crustal earthquake slip models for the prediction of strong ground motion [J]. Seismological research letters,1999,70(1):59-80.

[185] KAMAE K,IRIKURA K. Source Model of the 1995 Hyogo-ken Nanbu Earthquake and Simulation of Near-Source Ground Motion[J]. Bulletin of the seismological society of America,1998,88(2):400-412.

[186] IRIKURA K. Prediction of strong motions from future earthquakes caused by active faults-case of the Osaka basin [C]//Proceedings, Twelfth World Conference on Earthquake Engineering, 2000: 1243-1250.

[187] MAI P M,BEROZA G C. A spatial random field model to characterize complexity in earthquake slip[J]. Journal of geophysical research:solid earth,2002,107(B11):ESE10-1-ESE10-21.

[188] 孙永涛.基于 GPU 的地震资料处理并行加速研究[D].成都:西南石油大学,2015.

[189] 杨莹. 二维地震波场有限差分法数值模拟研究[D]. 北京：中国地质大学（北京），2009.

[190] OPPENHEIM A V. Discrete-time signal processing[M]. New York：Pearson Education India Inc. ，1999.

[191] STEIN S，WYSESSION M. An introduction to seismology，earthquakes，and earth structure[M]. New Jersey：John Wiley & Sons，2009.

[192] SATO H，FEHLER M，WU R S. 13 Scattering and attenuation of seismic waves in the lithosphere[M]//International Geophysics. Amsterdam：Elsevier，2002：195-208.

[193] CHEN S Z. Global comparisons of earthquake source spectra[J]. Bulletin of the seismological society of America，2002，92(3)：885-895.

[194] MADARIAGA R. Dynamics of an expanding circular fault[J]. Bulletin of the seismological society of America，1976，66(3)：639-666.

[195] ABERCROMBIE R E. Earthquake source scaling relationships from -1 to 5 ML using seismograms recorded at 2. 5-km depth[J]. Journal of geophysical research：solid earth，1995，100(B12)：24015-24036.

[196] HANKS T C，WYSS M. The use of body-wave spectra in the determination of seismic-source parameters[J]. Bulletin of the seismological society of America，1972，62(2)：561-589.

[197] ALLEN T I，CUMMINS P R，DHU T，et al. Attenuation of ground-motion spectral amplitudes in southeastern Australia[J]. Bulletin of the seismological society of America，2007，97(4)：1279-1292.

[198] OTTEMOLLER L. Moment magnitude determination for local and regional earthquakes based on source spectra[J]. Bulletin of the seismological society of America，2003，93(1)：203-214.

[199] BORMANN P，SAUL J. The new IASPEI standard broadband magnitude mB[J]. Seismological research letters，2008，79(5)：698-705.

[200] BORMAN P. Summary of magnitude working group recommendations on standard procedures for determining earthquake magnitudes from digital data[R]. IASPEI Technical Report，2013.

[201] RICHTER C F. An instrumental earthquake magnitude scale[J]. Bulletin of the seismological society of america，1935，25(1)：1-32.

[202] HANKS T C,KANAMORI H. A moment magnitude scale[J]. Journal of geophysical research atmospheres,1979,84(B5):2348.

[203] ABE K. Reliable estimation of the seismic moment of large earthquakes [J]. Journal of physics of the earth,1975,23(4):381-390.

[204] SATO R. Theoretical basis on relationships between focal parameters and earthquake magnitude[J]. Journal of physics of the earth,1979,27 (5):353-372.

[205] AKI K. Scaling law of seismic spectrum[J]. Journal of geophysical research,1967,72(4):1217-1231.